活成一道光

打造個人品牌
的偉大航道

黃馨儀 Cynthia
著

01 推薦序

一起踏上偉大航道，成爲那道閃耀的光！

簡報與教學教練F學院 創辦人 福哥／王永福

關於個人品牌，我第一個想問的問題是：「聽到你的名字？接下來會想到什麼？」

如同我們身邊每天出現的許多品牌，當我們聽到可口可樂，想到的放鬆清涼；聽到麥當勞，想到的是歡樂孩子們喜歡；聽到愛馬仕，想到的是高貴奢華；聽到 Volvo 汽車，想到的是安全穩重……上述的品牌，有些是我沒用過的，但是因為品牌經營者長期而穩定的投入，讓我們在心中留下了一些品牌印象。如果未來有需要，而需求又是跟品牌傳達的訴求相同時，這些品牌的產品，就會第一時間出現在我們的心中。

你可能會想，這些都是商業品牌啊？跟個人又有什麼關係？

因為，自媒體與社群網路的發達，個人所能擁有的曝光管道，已經跟許多商業品牌不相上下。以我自己為例，我每週發的「福哥來信」，目前大約有二萬三千名會員，以一個月五封的頻率來看，就可以接觸到超過十萬人次的會員。我自己的「簡報的技術」與「教學的技術」線上課程，也創造了接近二萬個付費客戶。過去出版的書籍像是《上台的技術》《工作與生活的技術》，也擁了超過十萬名讀者。再加上 Podcast「福哥來聊」，以及「福哥的部落格」，還有時不時的在一些其它知名雜誌及平台的曝光。一個「個人」所能擁有的曝光聲量，早就跟商業品牌差不多，甚至有些品牌，還需要回頭依靠個人，來建立更好的品牌形象。

所以，又回到最早這個問題，「聽到你的名字？接下來會想到什麼？」

這本《活成一道光：打造個人品牌的偉大航道》，Cynthia 的書會幫助你更好的回答了這個問題！

她將個人品牌經營比喻為一趟偉大航道，透過認識自己、洞察市場、創造價值、傳遞價值、持續鍛鍊。讓讀者能夠循序漸進地建構自己的個人品牌，最終讓人一聽到自己的名字，就能聯想到特定的價值和專業。

書中提出而「情、趣、用、品」，這個易記口訣也太令人印象深刻，也真的能有效我們在進行內容創造時，掌握關鍵並傳遞價值。我也喜歡她將個人品牌的終極目標定義為「影響力」，讓我們能有一個更遠大的目標，思考如何真正成為照亮他人的光。

Cynthia 在書中提到：聽到我的名字（福哥），就會想到頂尖、專業、嚴謹、自我要求。

而這不是「塑造」出來的，而是我每天工作真實的樣子。如同我們在「簡報的技術」線上課程所展現的：四機四鏡的拍攝、逐秒的調整、超過四個月的仔細剪輯、從台灣到美國，仍然每天五點起床、日復一日、每天投入。當然，這只是工作上，生活上我還是很放鬆、很自在的，哈！但這也表示：如何讓你的個人品牌更像你自己、更貼近你自己，找出更符合你的品牌定位，這也是有方法的。書中提出的「4D 全方位定位」，也會幫助你做到這件事。

無論你是否已開始經營個人品牌，這本書都能給您一些啟發。因為從 Cynthia 的文章，以及她在教學投入的態度，相信用她過去在外商公司多年的品牌經營經驗，能啟發我們在個人品牌的經營之路，更有方向的前進下去。

讓我們一起踏上這趟偉大航道，成為那道閃耀的光！

02 推薦序

一本真材實料、真實呈現的好書

《布姐的沙發》主持人、生涯導師　布姐 Brenda

在認識 Cynthia 的這兩年間，我見證了她對自我的要求，自律輸出、不斷學習和持續優化，並且始終致力於為他人創造價值。短時間內，她成功建立了專業且鮮明的「個人品牌」。她也因此獲得各個單位的邀約合作，成了不少中小企業，一人公司的個人品牌顧問，幫助他們找到定位，打造商業模式，從而獲利。

在她的書中，Cynthia 強調了個人品牌經營的三大核心價值：「真材實料的內容」、「真實的呈現」和「真誠的用心」。這些特質在她身上表露無遺。

我誠摯推薦所有想要經營個人品牌的人閱讀並實踐這本書。你將不僅學習如何從自媒體的角度經營品牌，更能從企業品牌經營的高度，實踐打造個人品牌的每一步。這本書將帶你看到全新的風景，並收穫不一樣的成長與啟發。

推薦序 03

光芒不是一瞬間的耀眼，而是持續照亮他人的力量

臺北廣播電臺節目主持人、
Podcast 聲音媒體行銷顧問與製作人　宛志蘋

品牌是你不在時人們對你的評價。

——傑夫・貝佐斯（Jeff Bezos）

二〇二〇年我開始一人公司之後，隨著業務量越來越大，在沒有擴增員工的情況下，最需要的是一位願意瞭解我，眼光卓越並且可以一起討論與溝通的夥伴。二〇二四年初我正在為自己的轉型定位調整，想找一位專業人士來協助我。謝謝上天讓我心想事成，在一個商務聚會上認識了 Cynthia，回去之後我立刻約她諮詢，並且成為我的個人品牌教練。

這個「立刻」是怎麼發生的呢？認識的那一天在閒聊的時候，Cynthia 親切的問我，有沒有想認識哪些人？我提到我有個法律節目《生活法律知識＋》，有機會的話希望可以多認識一些有興趣到節目分享法律的律師，當天會後 Cynthia 立刻介紹了 5 位律師給我。在聯繫的過程中，每位律師都對她讚譽有加，我也發現我們之間的共同朋友，在臉書分享受到 Cynthia 在個人品牌上給他們的建議而帶來的流量幫助，於是我開啟了個人品牌教練諮詢。

在我諮詢的過程中，Cynthia 總是以敏銳的洞察力與豐富的經驗，耐心聆聽，在我們多次的討論與指導過程中，她總是能快速發現問題的核心，然後提出最具建設性、實用的建議，有邏輯的一步一步帶我解開自己困住的盲點。不僅幫助我梳理我在多重角色中的複雜思緒，更幫助我發現自己都不知道的優勢與潛能，讓我更有信心地走在個人品牌經營之路上。如何成為一個有影響力且能發揮價值的人，Cynthia 幫我定位了「高質感訪問力」的形象，我非常喜歡這個定位。

與 Cynthia 一起探索個人品牌的經歷，讓我體悟到經營個人品牌不僅是一種職場策略，更是通向理想人生的途徑。

在 Cynthia 的新書《活成一道光：打造個人品牌的偉大航道》中，她以深入淺出的方式傳授了個人品牌經營的真諦。這本書不僅分享了如何在市場中定位自己，也探討了如何在社群媒體中有效經營，以及如何創造可持續的商業模式，最重要的是如何活出自己內心真正渴望的模樣，這也是 Cynthia 想傳遞的價值。

書中最打動我的部分，莫過於 Cynthia 對「個人品牌」的深刻理解。她不僅僅把品牌經營視為一個形象管理，而是將其提升為一個人內在價值觀與專業素養的整合體。《活成一道光：打造個人品牌的偉大航道》這不僅僅是一本理論書籍，它更是一位經驗豐富的導師，帶領你一步步朝著理想的方向前進。如果你渴望在職場中建立屬於自己的品牌，那麼這本書將是你不可或缺的指南。

04

推薦序

"

馨儀用專業和生命賦予個人品牌影響力。這本書能讓你品牌發光，造就更多讓人感動的品牌故事！

商戰CXO執行長、大大學院創辦人　**許景泰 Jerry**

"

05 推薦序

個人品牌的力量：讓職場與人生更具影響力的實踐指南

國際PJ法 創辦人 彭建文

幾年前認識了Cynthia 馨儀，後來發現我們都有工業工程的背景。初次相見，就彼此感到相見恨晚，之後她還接受邀請上了我的職場冰淇淋podcast 接受訪談。當時我就知道，她在個人品牌領域的專業非常厲害。

最近她要出新書了，我感到非常替她高興。這幾年她不斷在打造個人品牌，不僅成功地協助自己，也成功地幫助了很多人，並且無私地分享這些經驗，真的讓人欽佩。

許多人提到打造個人品牌，第一直覺往往是「這不關我的事，因為我只是個職場上班族，不需要打造個人品牌。」但真的如此嗎？我想跟大家分享一個當年在台積電的故事。

當年我在台積電工作的時候，有一位同事從進入公司擔任工程師到晉升為小部門副理，僅花了四年多的時間，這在當年可是一個非常快的速度，因為一般人可能需要六到八年。那麼為什麼他能這麼快地升上副理呢？其實就要歸功於他的個人品牌塑造。他取了一個簡單好記的綽號，讓人們很容易記住他。只要是他經手的專案，他都會為其命名，讓同事們記得這個專案，同時也等同於記住了他的名字。此外，他在部門內塑造了「積極努力、凡事找他都能擺平」的形象。每當有機會參加更高階主管的會議，他總是充分準備，並在會中展現專業，讓高階主管認識他。

以上這個小故事其實就是在塑造個人品牌。所以你說職場上班族不用建立個人品牌嗎？其實還是需要的，而且相當重要。因為職場上的晉升是一個金字塔，唯有建立個人品牌形象，才能讓自己脫穎而出。

接著我想再分享一下自己離開台積電成為企業講師的故事。

當年離開台積電時，其實我並不知道如何經營個人品牌，因此在培訓界根本沒有人知道我，更別提有人找我去企業培訓。我知道建立個人品牌的重要性，也向一些前輩請教過，但得到的建議都是單點的技巧，並沒有一個系統性的方法讓我全面性地塑造個人品牌。

因此，我只好用土法煉鋼的方法，例如建立部落格，希望能被人看到，並開始寫文章。然而，一開始的文章瀏覽量只有兩三個人次，雖然現在我在商周專欄寫的文章每篇平均都有上萬人次的瀏覽量，但這一路跌跌撞撞走來，確實花了很長的時間。直到最近我才逐漸建立起自己的顧問講師品牌，也錄製了一門線上課程（《分享職業講師的授課秘密——建構講師與顧問的系統性方法》）。

面對市場需求，我還創立了《國際ＰＪ法》這個品牌，這是一套專為企業人士量身打造的「問題分析與解決」方法論。為了推廣這個品牌，我也是經歷了無數跌跌撞撞，才有今天的一點小名氣。

以上這兩個故事讓我覺得，如果當初就有 Cynthia 這本書誕生，那麼我相信自己在打造個人品牌與《國際ＰＪ法》這個品牌的過程中，絕對不會這麼跌跌撞撞，至少會有一個明確的脈絡可以遵循。

在這本書中，Cynthia 提出了打造個人品牌的五步曲：認識自己、洞察市場、創造價值、傳遞價值，最後是持續鍛鍊「鑽石五力」。每個章節都寫得非常精彩，既有她的個人故事，也有專業經歷和輔導案例，還附上了一些讓大家思考的題目。

經營個人品牌不是短跑衝刺，而是長跑馬拉松。所有成功的個人品牌都是靠著持續累積而來的。了解自己的賽道、清楚自己的優勢、明確自己的規劃、有紀律地執行，成功便會自然而然地來到。

06

推薦序

以真誠與智慧點亮個人品牌

暢銷作家、品牌創辦人 凱若Carol

認識Cynthia已經好多年，看著她逐漸整合自己過去所有的經歷，開始走上專業講師之路，進入大型企業授課，受管理顧問公司邀約至海外演講，甚至今天出版了這本書，我為她感到萬分開心，也覺得能夠在這段路上與她交會，甚感榮幸。

她是一個非常願意先「給」的人，也因此在這個「江湖」上顯得特別突出。

我還記得，當時我開始了新的西班牙選品事業《MiVida就是生活》，她就在聽到我的需求後，馬上將身邊所有可能的資源介紹給我，當時我就想：「未來有機會肯定我也湧泉以報。」這樣的特質，也讓她一路上貴人無數。這，也就是Cynthia的個人品牌，她的獨特魅力！

然而她與許多個人品牌教練不同之處，在於她過去在大型企業做數據分析起家，對於普遍沒什麼數字的概念，「搞不清楚賺不賺錢」、「不知道該怎樣賺錢」的個人品牌經營者來說，Cynthia 這本書不只是分析一個人該如何找出自己的特色，起步創建個人品牌，從「定位」、「市場」、「受眾」來明確分析，接著從專業品牌力來琢磨要如何成長，如何創造價值、傳遞價值，更重要的是能夠將個人品牌轉化成「個人企業」，不只是透過成為網紅來吸引流量，更能夠建立起一個穩固的小型企業，我相信這對許多茫然於「增加了點閱率，然後呢？」的朋友來說，是很大的幫助。

我特別喜歡書中案例分享的安排。因為讀者不只可以知道「該怎麼做」，也能夠看看別人「都怎麼做了」，或遇到什麼挑戰，如何解決等等。每個章節的功課也很有趣，閱讀此書的朋友若能跟著 Cynthia 教練一步步前進，肯定能有許多「啊哈」的時刻。

「最終章」是我最喜歡的部分，其中點出了六種變現模式，對於許多已經開始經營一段時間個人品牌，卻在思考下一步究竟是什麼的朋友，應該能很快抓出來自己大致的方向。這時如果加上一對一的諮詢，絕對可以在三到六個月內讓自己的品牌轉換成一份帶得走的事業。這時就想，如果我每位「藍月計畫」個人諮詢的學員，都能在參與一對一之前就明白這些模式和自己期待的方向，絕對會更省力也更順暢。

在這本書中，Cynthia 也寫出了我們之間的一些互動，以及她的溢美之詞。我想，個人品牌不只是展現風格與實現自我，更是如何用「你」的方式與身邊的人、與這個世界互動。如果只是為了成名而成為讓自己討厭的人，這一切的成功只是靈魂的毒藥。在這一路上永保初心，真正能像 Cynthia 所說「活成一道光」，我相信是更有價值，也更值得投入心力的。

也祝福所有翻開這本書的朋友，都能活成一道光！

07 推薦序

打造屬於你的光：個人品牌成長的必讀之書

Podcast 好女人的情場攻略 主持人 **路隊長**

在這個資訊爆炸的時代，擁有滿腔熱情、才華和工作能力固然重要，但如果無法將這些優勢轉化為個人品牌，你的努力仍然可能淹沒在人海中。《活成一道光：打造個人品牌的偉大航道》這本書正是為了幫助你找到屬於自己的道路，讓你的聲音被世界聽見。

今年八月，很開心可以在我的 Podcast 節目《好女人的情場攻略》訪問到深耕「個人品牌教練」多年的 Cynthia。我發現她是一位很有魅力、感染力的人。他跟我說，他的人生使命，是希望幫助更多人——讓生活每一天都能過成自己想要的樣子，成為更喜歡的自己，邁向理想人生。我想，正是這份信念驅使她寫下這本書，讓更多人能夠受益。

在這本書裡，Cynthia 強調，打造個人品牌不僅僅是追求名利或在網路上獲得關注，而是為了實現更高的目標——將你的信念和價值觀傳遞給世界。每個人心中都有獨特的故事與想法，而個人品牌猶如一束光，能夠照亮他人的生活。透過這個過程，我們不僅能夠找到自己的定位，還能吸引志同道合的人，共同分享這份熱情。

這本書不僅教你如何從零開始建立個人品牌定位，還幫助你打造具有「商業模式」的個人品牌。我特別喜歡書中提到的「找到受眾難以言喻的痛點」「真心幫助受眾解決問題」「六大變現模式」和「事業品牌行銷漏斗」等實用概念和方法。若我在五年前開始打造個人品牌時，就能擁有這些知識和實踐手冊，必定能節省大量的時間與金錢，少走許多彎路。

在當今這個高度競爭的環境中，無論你是創業者、專業人士還是全職媽媽，建立個人品牌都是至關重要的。這條路或許充滿挑戰，過程中會遇到各種困難，但這絕對是一條值得走的路。因為一旦成功，你的品牌不僅是你個人的，還擁有改變他人、改變世界的力量。

在書中，Cynthia 特別強調自我反思的重要性。她提到，打造個人品牌的過程中，最關鍵的一步是問自己：為什麼我要走上這條路？（Why?）這個問題不僅關乎自我實現，還涉及如何利用自己的優勢去影響他人。清晰的目標和動機，將成為你前進的動力。

書中還分享了許多成功案例，這些故事不僅展示了個人品牌如何改變人生，更讓我們明白，成功的背後往往是堅持和努力的結晶。這些案例的共同點在於，他們都清楚自己的價值觀，並能在不斷變化的環境中堅持自我、持續成長。

最後，這本書的最大亮點在於它鼓勵你立即行動。無論你是剛踏入社會的新鮮人，還是已在職場上摸爬滾打多年的專業人士，這本書都能幫助你重新定位自己的價值，指引你下一步該如何行動。

在這個過程中，思考一下：我想讓這個世界記住我什麼？我想如何影響別人的生活？隨著書中的引導，邁出第一步，讓自己的品牌成為那道光，照亮更多人的心靈。每個人都有機會讓世界變得更好，而這本書將成為你在這條路上最好的指南和夥伴。

因此，無論你的人生階段如何，建立個人品牌的旅程都充滿希望和可能性。通過不斷學習和反思，將你的熱情和價值觀轉化為真正的影響力，讓世界因你而變得更美好。

現在就是行動的時候！翻開這本書，開始打造你的個人品牌。我相信，這本書會成為你最好的陪伴，當你感到迷惘時，翻開它，你會獲得很大的啟發！祝福你！

08 推薦序

活出自我價值：《活成一道光》助你職場脫穎而出

企管名師、顧問、暢銷作家　趙胤丞

普普藝術大師安迪・沃荷曾經說過：「在未來，每個人都會聞名於世十五分鐘。」這句話，簡潔卻深邃，宛如一顆閃耀的流星，點亮了我們對自我價值的思考。在這個資訊泛濫、自媒體如雨後春筍般湧現的時代，如何不僅短暫閃現，而是能夠持續發光，成為我們每個人亟需面對的課題。Cynthia 老師的最新著作《活成一道光：打造個人品牌的偉大航道》，正是為我們解答這個困惑的明燈。

與 Cynthia 老師相識多年，她不僅是台大博士、跳級學霸，更是一位在外商企業中積累了豐富經驗的專業人士，現在也是連續創業者。無論是在數據分析的精準度，還是品牌經營的獨到見解，Cynthia 老師都展現出非凡的智慧與實踐能力。她的工作態度一絲不苟，做人處事實事求是，無論是專業還是人格，都讓人由衷敬佩。因此，能夠為她的新書撰寫推薦序，我感到無比榮幸，因為她實至名歸。

《活成一道光：打造個人品牌的偉大航道》是 Cynthia 老師多年職場智慧的結晶。她以深入淺出的筆觸，引領讀者從「認識自己」這第一步出發，循序漸進地探討如何打造並經營一個獨具一格的個人品牌。這本書不僅僅是一份個人品牌經營的指南，更是一部能夠激勵人心的心靈之作。它讓我深切感受到，經營個人品牌不僅是為了職場上的成功，更是為了實現自我價值，追尋心中理想的生活方式。

在細讀這本書的過程中，我對個人品牌有了全新的理解與體悟。書中的第一章「認識自己」，讓我領悟到，個人品牌不僅僅是自媒體的經營，更是一種將自身視為品牌來全面規劃的全新思維。Cynthia 老師指出經營個人品牌並不會干擾我們的本業，反而會促使我們更深刻地思考如何提升與整合自己的專業能力。這一見解我非常認同，並運用重新審視自己目前發展，並開始以「品牌思維」來規劃未來。

真正的個人品牌，應該是內在價值與外在表現的完美融合，而非單純迎合市場需求，或僅依賴自身的優勢。然而，當我們努力打造個人品牌，卻發現它未能被市場所接受時，這無疑是一大挑戰。在這部分，Cynthia 老師提出了「4D 全方位定位」的方法，幫助精確地定位個人品牌。透過市場區隔與細分賽道的策略，清楚界定自己的優勢與特色，並找到最契合自己的受眾及我們所能提供的獨特價值。

在書的最後一章「讓自己活成發光體」，Cynthia 老師詳盡地闡述了如何透過影響力來實現個人品牌的價值變現。她分享了許多實用的方法與策略，讓我明白如何運用現代工具，如社交媒體、網絡平台與專業社群，來擴大自己的影響範圍，並將這些影響力轉化為實際的職業機會與商業價值。

《活成一道光：打造個人品牌的偉大航道》，是一本值得每位渴望在職場中脫穎而出的讀者細細品味的作品，不僅教會我們如何建立與經營個人品牌，更啟發我們如何透過品牌經營實現自我價值，過上心中理想的生活。Cynthia 老師以她豐富的專業知識和實戰經驗，並帶著溫柔的提醒，為我們指引了一條清晰的個人品牌發展之路，讓我們在品牌發展道路上少走許多冤枉路。誠摯推薦這本書給每一位想在職場中發光發熱的你！

趙胤丞

- 森伸企業有限公司　負責人
- 振邦顧問有限公司　總經理
- 《高效人生商學院》、《下班炒什麼》、《高效人生商學院》Podcast 共同創辦人
- 《高效人生工作法圖解》共同作者
- 《拆解問題的技術》、《拆解心智圖的技術》、《拆解考試的技術》、《小學生高效學習原子習慣》作者

09

推薦序

個人品牌：讓你「主動」被看見的超能力

PPT.note 簡報仙貝 共同創辦人 廖文碩

「世界的紅利，會給願意鼓起勇氣與之對話的人們。」

在這個資訊過載、生活充斥著雜音的時代，默默地做好專業工作、編輯好自己的LinkedIn，期待著機會降臨到面前，坦白說，這些被動的「被看見」已經越來越不切實際。在這個講求差異化的社會中，如果無法主動讓別人看見自身特殊的價值，即使是一匹好馬，可能一輩子都無法遇見那個看見自己獨特光芒的伯樂。

那麼，經營個人品牌就能讓自己被看到嗎？

大學畢業回國後，我先是在一間小型新創公司擔任行銷助理。當時的我，只是因為興趣而開始在社群平台上分享自己的簡報練習作品。然而，這個小小的舉動，卻讓我在裸辭轉為自由職業者時，沒有經歷到太 的陣痛期，就順利地透過陌生開發和朋友們的引薦獲得了穩定的接案收入。

隨著這個職涯的飛輪越滾越大，越來越多人在社群平台上看到我正在做的事和分享的技巧，主動聯繫我討論合作機會。這些透過個人品牌累積的人脈資源，也讓我在短短幾年內，與夥伴們陸續創立了整合顧問公司、簡報教學自媒體和不動產經紀公司。以我的經歷來說，個人品牌的累積使我以「主動」的姿態被他人看見，並為自己獲得了「被動」的紅利。我眞心認為，在這個時代經營個人品牌是一項非常划算的投資。

收到 Cynthia 的這本書時，我非常興奮地在一天內就讀完了。她以深入淺出的方式，點出了個人品牌的核心 S 也就是用「品牌思維」來經營自己。此外，這本書提及的個人品牌，不僅限於討論「如何建立社群自媒體」，而是從更高的層次探討「如何將自己打造成具有影響力的品牌」。除了社群所發布的內容外，你在眞實世界中如何經營生活、與人互動、所說的話、所做的事，以及你所支持的價值觀，其實都與個人品牌息息相關。

如果你在看完 Cynthia 所撰寫的這本書後，開始用「品牌思維」經營自己，並願意按照書中給予的策略做長遠佈局，耐心地將自己打造成優秀的個人品牌，那麼你所能創造的可能性將是無可限量的。例如，你可能在職場上獲得夢寐以求的機會；在創業時得到源源不斷的引薦；在社交場合中更快地認識有共同理念的夥伴和投資人；以及在社會上更有力地為你想捍衛的議題爭取權益。這一切都源自於個人品牌所帶來的影響力。

想要馬上開始經營個人品牌嗎？

如果你也不甘於留在岸上，迫切地想要開拓自己的偉大航道，那就揚帆起航，乘風破浪吧！但請務必記得帶上這本書。當你在海上冒險時，書中的反思題目和練習圖表，能幫助你挖掘自身的優勢和價值；各章節的名人金句與貼心提醒，會帶你找回內在的安定與堅毅。

最後，感謝 Cynthia 的邀請讓我有這個榮幸撰寫本書的推薦序。在我看來，這本書的誕生不僅僅是個知識價值的傳遞，更是她本人在航道上認真發光，照亮世界更多人的一個見證。我也期待正在翻閱這本書的你，無論是正準備或已經在經營個人品牌，終將成為一道照亮他人的光。

10

推薦序

這是我讀過最簡單易懂的個人品牌快速上手實踐指南！

創新管理實戰研究中心　執行長
劉恭甫

11 推薦序

你就是那道光

Podcast《CP 有主見》主持人 CP 潘思璇

我的個人粉專「CP 潘思璇」差不多十年了。當初會創立粉專，是因為幫「有物報告」寫文章，後來因為創業推廣自家商品而持續（但非常懶惰地）發文，直到離開公司以後，才比較有時間多寫一點。雖然我不是什麼大網紅，發文頻率也不算高，經過這些年的經營，也算是從最初「害怕公開分享」到如今的「自在從容」，我只能說，這並不是短時間內就可以做到的心態轉變。

很多人想做個人品牌，可是在做之前，有很多需要知道的事情。譬如這幾年流行的短影音，不見得每個人都適合，像我就比較擅長文字，如果什麼都要跟，很可能會過度消耗精力。譬如經營個人品牌一定要露臉嗎？其實也不見得，如果內容夠好，不露臉一樣會有成千上萬個分享。比起經營形式或者露臉，我認爲更重要的是思考你這個人到底是誰，你想分享什麼，能為這個世界帶來什麼樣的價值？如果沒有想清楚就貿然開始，很可能會因為無法短期內看到成效，因為追蹤數或按讚數很少，沒有成就感而想要放棄。

看到社群媒體上光鮮亮麗的意見領袖（ＫＯＬ）或是網紅，可能會讓人心存幻想，好像不需要花費太多力氣，就可以吸引眾人追蹤。事實上，體態與容貌管理非常困難，即便只想呈現內在智慧，也沒有想像中容易。寫太簡單瞧不起自己，寫太難又容易曲高和寡。沒人關注覺得挫敗，太多人關注又會造成壓力。好事不出門，壞事傳千里，不論經營事業或是個人品牌，黑粉的聲音往往容易被放大，如果無法看清這點，就會給自己不必要的壓力。

至於具體應該如何開始、如何持續，Cynthia 的書提供了具體的方法。他一直是個邏輯清楚，極其聰明的人，更重要的是他並非仰賴直覺做事，而是奠基於過去的工作經驗，根據邏輯以及數字，幫助個人或是企業找出定位以及經營方向。

他的新書《活成一道光：打造個人品牌的偉大航道》，同樣充滿他的個人特色，我很喜歡書裡精心設計的「動動腦時間」，想盡辦法推動讀者思考，找出屬於自己的道路。像是詢問身邊朋友的看法，就能幫助你更好地認識自己，完成初期的定位。「為什麼你要做這件事？」、「你想在這個時間點完成什麼樣的目標？」這些問題都能幫助想要經營個人品牌的人，更清楚地了解自己的動機與目標，避免盲目跟風。

在找尋個人品牌的目標，就像在找尋人生的理想道路一樣，「我們常常高估自己一年所能完成的事，卻低估了十年所能成就的功業。」長期累積、樂在其中才是長久經營個人品牌的關鍵。以我自己舉例，雖然追蹤人數沒有破萬，但因為不給自己壓力，想發文就發文，分享的題材也是極盡所能地任性，所以可以輕鬆自在地經營社群。也因為不求立即轉換，就算業配也是挑自己認同喜歡的，因此累積了不少信任我的品味，喜歡看我分享的讀者。

誠如書中所言，「想清楚自己是誰、甚麼是自己要的、客戶是誰、客戶在哪，自己擅長而且有熱情還可以持續的內容為何，長長久久的持續耕耘，觀察數字並洞察用戶需求，滾動式調整優化，才能不只是吃到紅利，還能長久獲利。」

我之所以持續經營個人品牌，正是因為發掘了其中的樂趣。每一則私訊、留言，以及面對面聽到「很喜歡你的 Podcast！」全都是我的成就感來源，原來我整理的內容可以幫助慈善機構募款，原來我介紹好物可以讓讀者把生活過得更美更好，甚至是跟青少年兒子溝通遇到困難，也可以讓讀者覺得自己並不孤單。唯有把自己活成那道光，你才有機會成為照亮別人的光，祝願每位讀者都可以從 Cynthia 清晰的文字裡獲得力量，找出屬於自己的光。

12 推薦序

個人品牌就是情趣用品

企業講師、作家、主持人 謝文憲

看到我的標題別懷疑，我用作者的內文，延伸成了我的推薦序。

沒錯，「個人品牌正是情趣用品」，它就是個明明自己在使用的方法，卻不會跟別人說的秘技，而且只有自己人知道其中的美妙，更是觸發所有情感昇華的媒介。

經營個人品牌所延伸的偉大航道，不也正是這種感覺嗎？

只是知道的人會放大其價值，不知道的人卻毫無頭緒罷了，而作者卻將其中美妙，毫無保留的告訴你。

我對情趣用品四個字的解釋，雖跟作者稍有不同，卻都殊途同歸。

情：情感昇華

從個人品牌經營的策略來看，從粉絲成為顧客的訂單轉換，再從顧客轉換為擁護推廣的過程，一定得要經過興奮提升的步驟，而此步驟最關鍵的就是：情感的昇華與峰值體驗的寵粉行為。

趣：趣味勝過意義

大衛・布魯克斯在《深刻認識一個人》一書中強調：「面對低谷朋友度過難關的關鍵是陪伴，而陪伴的關鍵是：有趣、耐心、以他為中心。」

而個人品牌擁有者陪伴追隨者，無論路途上是否需要度過難關或是僅為陪伴同行，有趣都會是很重要的元素。

用：用料實在

身為知識工作者，追隨者的樣貌與速寫很清晰，從社群媒體參與訂閱的過程中，有用、有料的東西先免費給，是個人品牌創始初期很重要的觀念。

個人品牌會失敗，其中一部分原因都是含金量、特殊性不高，導致自身認為僅靠包裝就能夠搶得先機，簡直是癡人說夢、緣木求魚，專業，肯定是個人品牌用料實在的初期門檻。

不要急著收費，先免費給，效益都在後頭。

品：品味格調

與其更好，不如不同是我的人生價值觀與信仰，個人品牌創建初期雖然都從複製他人開始，但走久了，難免缺乏特色，屬於個人的品味格調、原汁原味，千萬不要複製他人，沒有人喜歡 me too，缺乏品味格調，就算有了「品牌」，也會少了「個人」。

馨儀在二〇二四年走進我的教室，雖然僅是兩堂《復刻憲福講私塾》的課程，我對他的專業與深耕早有耳聞，他不僅對個人品牌有深度著墨，在數據分析與行銷規劃上，更是專業置頂。

在周思齊、潘威倫相繼引退，既感悲傷又深具祝福的九月底，我用兩位在職棒活成一道光的球星，來印證馨儀好書的所有摘要與論述，完全不謀而合，我推薦這本好書。

用生命影響生命

把自己活成一道光，
因爲你不知道，
誰會藉著你的光，
走出了黑暗。

請保持心中的善良，
因爲你不知道，
誰會藉著你的善良，
走出了絕望。

請保持你心中的信仰，
因爲你不知道，
誰會藉著你的信仰，
走出了迷茫。

請相信自己的力量，
因爲你不知道，
誰會因爲相信你，
開始相信了自己……

Life Influence Life

Live yourself as a light,
Because you don't know,
Who by the light,
Out of darkness.

Keep the goodness in your heart,
Because you don't know,
Who would take advantage of your kindness,
Out of despair.

Keep faith in your heart,
Because you don't know,
Who would take your faith,
Out of the confusion.

Trust in your own power,
Because you don't know,
Who would believe in you,
I began to believe in myself.

Keep the confidence in your heart,
Because you don't know,
There are people who believe in you,
I began to be confident and self-reliant.

作者序

活成一道溫暖利他的光，照耀他人，也榮耀自己

想寫書其實很久很久了，小時候開始就想當一個圖文作家。但從小到大習慣滿足別人期待、為別人活的我，一路提早升學、十三歲上高中、二十七歲不到拿到台大博士，彷彿是個人生勝利組的進入外商，慢慢就遺忘了這個可能。

後來因為父親過世、趕百日結婚，一連穿的人生打擊下，我才開始思考「我是誰？」「我想要的是甚麼？」。直到懷了孩子，半年的臥床安胎、當中四個月的住院，我才深刻體會到，所謂的人生勝利組，不過是證明自己可以的外在成就，而可以讓自己閃閃發光的，是找到自己樂見其成的內在成就。

為了更有品質的陪伴孩子長大，我也做過很多嘗試，但始終不敢毅然決然離開外商職場

的舒適圈。但是孩子的一句話點醒了我，當我告訴她我曾經想當一個圖文作家，可是爸媽告訴我那會餓肚子時，她說：「你怎麼知道？你沒有做過怎麼知道？」那個曾經被深埋的小芽就這麼竄出頭來了。

很小的芽頭，在終日忙碌的日子，加上我的冒牌者症候群早就病入膏肓，早就勇氣也被現實洗刷得薄弱，所以一直沒有成長成小樹。

但我慢慢發現，持續的產出內容，持續的經營打磨自己的個人品牌，總是帶給我很多驚喜，給了我很多底氣繼續前進，到了某一天，那個小芽就這麼成了一顆小樹。而就在這個時候，匠心文創的負責人、也是我多年好友貓眼娜娜，對我遞出了橄欖枝，邀請我寫一本個人品牌的書。

我思考了許久，一方面怕好朋友賠錢，我是個很希望可以利他讓朋友都好好的人；一方面冒牌者症候群也還沒好（可能這輩子都很難好）。

最後，我想，也許我曾經經歷的一切，你們也都會經歷或是還在經歷著，那麼我希望有一本書，能夠分享我的經驗和可行的框架，幫助你們走得更順。

我願，這本書可以幫助更多想要打造個人品牌的人閃閃發光，那麼這個世界將變得更正向美好。我不知道我可以陪我的孩子多久，但這個世界更好，就可以是我留下陪伴她的禮物。

我更願，因為這本書、我的個人品牌一日課、我的一對一顧問受惠的人們，當你們持續前進、閃閃發光，有一天你們也願意如同今天我做的，幫助下一個人，甚至幫助我的孩子。那該是多麼美好的事！

謝謝你們，謝謝一路上幫助我的所有人，也謝謝這本書所有幫我寫推薦序的貴人前輩們，謝謝我的好朋友們，謝謝我的學員客戶們。沒有你們，這本書不會出生。

我還在這條偉大的航道上，但如果你願意，我仍然願意溫柔堅定地與您們一起前進。

黃馨儀
Cynthia

Contents 目錄

推薦序

01 簡報與教學教練F學院創辦人：王永福（福哥）—— 2

02 《布姐的沙發》主持人、生涯導師：布姐 Brenda —— 5

03 臺北廣播電臺節目主持人、Podcast 聲音媒體行銷顧問與製作人：宛志蘋 —— 6

04 商戰 CXO 執行長、大大學院創辦人：許景泰 Jerry —— 9

05 國際 PJ 法創辦人：彭建文 —— 10

06 暢銷作家、品牌創辦人：凱若 Carol —— 13

07 Podcast《好女人的情場攻略》主持人：路隊長 —— 16

08 企管名師、顧問、暢銷作家：趙胤丞 —— 19

作者序

啓程之前

首部曲：認識自己

二部曲：洞察市場

三部曲：創造價值

四部曲：傳遞價值

五部曲：持續鍛鍊鑽石五力

最終章：讓自己成為發光體

Prologue

啓程之前

01 爲什麼要經營個人品牌？

我經常收到來自社群媒體的私人訊息或學員來信，問及經營個人品牌的相關問題。其中針對幾個常見的問題，我將之歸類在「萬事起頭難」的分類裡，會在這個章節詳細論述；其他尚有一些問題，是關於「認識自己」、「市場定位」、「社群媒體」和「變現與商業模式」等分類，也會在後續的章節，透過「迷思小教室」的單元去進一步陳述說明，希望透過這些內容，能幫大家破除內心的障礙，堅定前進，持續經營打磨自己的個人品牌。

經營個人品牌一定要露臉嗎？我不是很想將個人的私生活曝光在社群媒體上，我也不是很想出名……

透過這個問題，我想先跟大家釐清何謂「個人品牌」。市面上有極多自稱個人品牌的專家，提供的是「自媒體經營」的服務；這看來合理，正因為是「個人」品牌，所以資金、時間、資源都相當有限，因此經營「自媒體」是較為適當的行銷工具。

但是於我而言，「自媒體經營」雖然是個人品牌可運用來傳遞自我定位、主張與價值的可行工具，但僅只是事業品牌漏斗的最上緣，能用來擴增個人的知名度和累積專業信任感、創造考慮度。關於這個概念的論述，我將在最後一個章節〈讓自己成為發光體〉有更深入的分析。

也就是說，「自媒體」是用來傳遞並放大個人的定位與形象識別，也是個人品牌接觸點的一致性場域之一；但並不是「個人品牌」的完整面向。如果你只單單看到這一點，可就真的把個人品牌的格局看得太小了。為了釐清這點，我們得先回過頭來看看，究竟什麼是「品牌」。

品牌是一種名稱、術語、標記、符號或圖案，或是他們的相互組合，用以識別企業提供給某個或某群消費者的產品或服務，並使之與競爭對手的產品或服務相區別。

——現代行銷學之父　菲利普．科特勒（Philip Kotler）

也就是說，當你看到紅色瓶標和白色字，加上曲線瓶，你會想到的是可口可樂，不會是百事可樂；然後接著你會知道那是碳酸飲料，通常在想要開心放鬆、朋友相聚的時候很適合飲用。

再舉個例子，當你看到拉不拉多狗寶寶在綠色的底色上，你會想到的是舒潔，不會是五月花；然後接著你會知道那是衛生紙，而且它很柔軟，因為它讓拉不拉多狗寶寶躺在上面，看起來很舒服，應該也不容易破，因為狗狗還從包裝裡面咬著紙巾將拉它出來，於是你對這個品牌有了一些基本的印象；甚至，會因此讓人聯想到這應該是一個相較價位較高的品牌，因為它的廣告場景總是相對寬敞而有質感。

這，就是品牌。當你一眼「看」到，不用仔細去「讀」，就能直接聯想它傳遞的價值、它所提供的產品服務類型、也喊得出這個品牌的名字。

個人品牌也是。它是「外在形象」和「內在專業涵養」的總和，包含了：對外呈現的外型、風格與言行舉止，以及內在的價值觀、理念、才能、專業知識與經驗，還有一個人的人格特質，甚至是過去到現在的軌跡，所形成的獨特的、明確的、讓受眾清楚也容易感知到的集合體。而且，個人品牌也要能夠吸引人們的連結與共鳴，甚至帶來行為消費模式的改變，也就是帶來「影響力」和「變現力」。

所以，就算你是在職場裡，也是在形塑自己的個人品牌形象，只是場域是在工作職場；當你在商會組織，也在形塑個人品牌，只是場域是在商業鏈接場合；當你在家庭、在交友圈、在任何地方，都在形塑你的個人品牌。

社群媒體只是藉由演算法的推播，或是其他行銷和廣告工具的運用，讓不認識你的人更有機會認識你。你不見得要這麼做，這端看你想要透過經營個人品牌達到什麼目標，以及考慮到時間、成本、資源分配的狀況下做出選擇。再來，說句直白一點的，要紅、要出名，還真沒那麼容易。即使到現在，我都不覺得自己「紅」，雖然今日要下評論似乎還言之過早，但若真要跟「紅」沾上邊，那頂多算是可愛的「小粉紅」吧！

我不知道自己需要不需要經營個人品牌？

你的選擇，決定你成為怎樣的人。

——亞馬遜（Amazon）創辦人 貝佐斯（Jeff Bezos）

透過前面的定義，看到這裡的讀者應該可以清楚知道，我想透過這本書傳遞的，不單單只是論及「自媒體經營」，而是完整的建立「個人品牌」，也就是「把自己當成一個品牌去經營」。

你可以選擇繼續像現在這樣，但也可以選擇提升自己的競爭力和能見度；你可以過一天算一天，也可以選擇讓自己的每一天都是邁向理想人生和夢想的新生活！一切都取決於你的選擇，只有你可以決定自己成為什麼樣的人。

所以需要不需要經營個人品牌，端看你想成為什麼樣的自己，想走到什麼樣的境地，想過上什麼樣的人生。

我沒有答案，因為答案在你自己身上。但如果你願意，我願意陪你一起堅定前行，讓每一個想把自己當成品牌來經營打造的人，活出夢想中的樣貌。

經營個人品牌會影響本業嗎？經營個人品牌是不是很花時間金錢？

這兩個問題，基本的底層邏輯都一樣。經營個人品牌會不會影響本業？我想，如果你用「品牌思維」來經營自己，把自己當成品牌打造，你不會問我這個問題，因為你的本業只是你通往理想人生的其中一個工具（不管是為了錢，或是為了累積專業經驗），那麼在你經營個人品牌的過程中，會去影響它嗎？我想不會。反而，你會想著如何去加強它、整合它，並且善加運用它。

同理可證，在經營個人品牌的過程中，儘管花錢、花時間，但如果你用「品牌思維」來長期經營，這一切的花費就會變成一種「投資」。且在可獲利的結構上，將心力花在關鍵點，在對的時間，做對的事，就能確保這個品牌有高含金量，有良好的獲利商模，甚至越來越值錢。

所以，很多人說為什麼要經營個人品牌，因為想增加領域專業知名度，因為要提升案件指名度，因為要有影響力，甚至變現力，因為這就是趨勢，所以現在就是要做。這些答案都對，但也都不僅只於此。

為什麼要經營個人品牌？是我會這麼說：

「為了要活出閃閃發光的自己，要過上自己的理想人生！」

這才是為什麼你要經營個人品牌的終極奧義。Cynthia 希望運用自己多年的經驗，透過這本書，帶著你一起實現。

02

誰需要經營個人品牌？

誰需要經營個人品牌？每一個想成就更好的自己、想過上理想人生、想要讓此生不虛此行的人都需要。確切的原因，我針對以下幾個族群來說明：

一、創業主／企業家

尤其是微型企業和中小企業主，在行銷廣告預算有限的情況下，個人品牌可以去賦能[1]商業品牌，帶動事業起步。

不過，中大型企業主，如果選擇經營個人品牌，同樣具有好處：因為個人品牌建立在「人」之上，對受眾來說更有溫度與連結感；再者，也能藉此賦能「雇主品牌」。

很多年輕人喜歡一家企業，未必完全是因為企業本身的薪資福利或工作本體，有時候可能是創辦人本身讓人心生嚮往，也可能會吸引年輕優秀的人才前往應徵就職。

二、領域專家達人

透過經營個人品牌，可以讓自己的專業被看見。專業人士通常已經有了足夠的「專業內容」打底，也有一定的「專業信任度」，更能夠藉由專業內容設計出變現產品。透過個人品牌的經營，能夠加值專業，擴大變現；甚至透過影響力的建立，帶動台灣社會的正向循環，讓台灣擁有更多元豐富的發展，讓市場上不再僅限善於念書考試才能謀生的主流道路，讓更多擁有領域專業知識技能的人才得以發揮所長，實現天賦自由。

三、業務工作者

除了能透過個人品牌經營，累積自己的品牌資產和專業信任感，更可以降低你接觸客戶

1 賦能，是源自於心理學中的一個名詞，意味著授予某個主體賦予執行某事的權威或自由。

時的溝通成本，同時減少開發客戶的時間，讓你的業務累積更有效率也有效益。同時，由於台灣傳統認知總對業務工作者的觀感不夠正面，透過個人品牌的經營建立，更可以塑造一個「不一樣」的形象，使業務不再是被動「推銷」自己和產品，而是透過「行銷」有效「吸引」人們主動產生好奇、詢問，進而購買。

四、自由工作者

可以藉由個人品牌來增加領域專業知名度，進而提升案件指名度。擁有明確的個人品牌定位，以及傳遞足夠的、有用的、有感的價值，先有名再有利，厚積薄發，就能運用影響力產生變現力。

五、職場上班族

因為「二十一世紀的工作生存法則就是建立個人品牌」[2]，在競爭越來越激烈的VUCA[3]（動盪不確定）時代，人們不僅得有自己的專業領域知識與技能，更要懂得如何行銷宣傳自己；而在邁入BANI[4]（人心脆弱焦慮）時代，透過把自己視為品牌打造的思維，更可以隨時回顧、自我覺察，洞察事情的本質，更妥善地定義問題，跳出框架，把有限的時間跟精力運用得更好。

六、全職媽媽

全職媽媽是我最佩服也最心疼的一個族群，因為家庭和小孩暫時中止了自己的時間轉動，甚至容易產生自我懷疑。但是，我身邊仍有許多全職媽媽，因為經營個人品牌，一方面自我實現，找到自己的定位，並且透過社群媒體找到一個出口，甚至讓自己被看見，進而產生成就感；再者，由於孩子都是看著父母的背影成長，當媽媽勇於追求自我，就能使每一個孩子更勇於嘗試挑戰自己並突破框架。

2—語出美國管理學者湯姆．彼得斯（Tom Peters）。

3—VUCA時代：VUCA分別代表了Volatility易變性、Uncertainty不確定性、Complexity複雜性、Ambiguity模糊性。在動盪不確定的時代，因果關係複雜模糊，特別需要持續的學習和洞察。

4—BANI時代：BANI分別代表Brittle脆弱易碎、Anxious焦慮、Non-Linear非線性、Incomprehensible無法理解。疫情後常被用來描述當今動盪複雜的變化，引發人們的心態變得脆弱焦慮，甚至產生另人費解的行為和事件發生。舉例像是年輕人的躺平心態和隨性而為等。更需要靜心和自我覺察，破框思考並穩定前行。

七、莘莘學子

經營個人品牌的過程中，少不了許多的自我對話和深刻盤點，藉此了解自己，進而讓每一個年輕學子，能更深入認識自己，適才適性的規劃自己的人生。時間是每一個年輕學子最大的資產，越早了解自己，把自己當成一個品牌經營，運用時間複利，就能成為台灣社會最棒的資產。

03 我經營個人品牌的心得

這幾年透過經營個人品牌，我自己累積了一些心得與大家分享，以下大致分為三個面向說明。

面向一：表面實際指標提升

表面的實際指標提升，包含了個人的知名度、指名度、影響力、變現度等。這些都是我們在自媒體時代想打造個人品牌的基本原因，所呈現的數字都是看得見的進步指標，也是一開始經營個人品牌的目的。

但我深知自己的方法論，來自於過去在外商公司操作商業品牌時的邏輯框架，看重的是長期投資和累積。市面上有人透過打造超級ＩＰ知識產權（Intellectual Property），有人在說流量網紅，我覺得都有道理，但是我不走這個方式。過度迷戀數字、追求數字，有時會讓我們迷失本質，甚至簡化成功。

舉例來說，這兩年紅透半邊天的張琦老師[5]，被稱為億級流量、現象級ＩＰ，於是很多人想追隨她的腳步，成為下一個張琦。但在某一次機會下我到內地參訪，聽到了她的分享，得知她樸實無華的耕耘商業顧問生涯已經長達十七年，經營抖音則是從二〇一九年開始，把課程和演說影片剪輯成一千支影片上傳，拼命上傳，持續累積，然後突然在前年爆紅。她也很真誠地表示，若要說自己做對了什麼，其實是累積與持續，她也不知道究竟是哪件事情做對了，但她既然起了頭，就持續做。

表面的實際指標是個人宣傳效益的衡量基礎，可以透過數字分析自己的熱門狀態，但這不是終點。一步一腳印，有時候看起來慢，但其實是快；因為有太多人花時間心力在尋求偏門捷徑，高估了一年所能完成的工作，卻低估了十年可以創造的功業。

5 張琦，二〇二三年月榮獲「二〇二三中國十大品牌女性」。為中國知名新商業架構師、全域流量架構師、企業盈利增長模式專家、商業培訓講師。

★面向二：自我心態指標成長

自我的心態指標的成長，包含了：內在自信、學習力、長線思維等等。如果用長期的品牌累積思維去經營個人品牌，第一個會鍛鍊到的就是長線思維。

我回過頭檢視七年前、甚至五年前的自己，每則貼文頂多四十幾個讚，很多時候甚至是個位數，貼文的觸及人數約莫二至三百；時至今日卻可達到三、四百個按讚數，觸及人數超過二至三千、甚至數萬，同時可以帶來變現轉換，也有人會在貼文底下詢問如何聘請我當顧問，或是直接填寫個人品牌諮詢表單預約顧問諮詢。我到底做了什麼？其實只是「持續」，持續提供有價值和令人有感的內容。

途中的每一個低潮挫折，每每都足以讓人放棄，發表的文章按讚數少的時候，我也會懷疑：有人看嗎？我還要繼續嗎？我做的是對的嗎？每一天我都在懷疑自己。面對這個自我懷疑的過程，能持續堅持下去的人不多。我就是每天身處於自我懷疑之中，因為抱持著願景與理念：想要讓更多人明白——條條大路通羅馬，想要透過我怎麼活來啟發更多人勇敢走出自己的道路，讓台灣的就業市場環境發展更豐富多元，一步一腳印，有時候咬牙，有時候得擦乾眼淚，就這麼走了過來。

這個過程雖然不容易，但其實也沒那麼難，從做中學，慢慢的就會鍛鍊出長線思維，逐漸能領悟到一些方法，慢慢的優化，持續學習，一點一滴的累積。並且在堅持成長的過程中，建立起自己內在的自信，讓自己越來越有底氣。

面向三：環境整體指標優化

環境的整體指標優化，包含永續力、傳承力、好鏈接和善循環等，是更全局觀，也更長遠的去看待經營個人品牌這件事。

透過個人品牌的打造，讓自己發光，使每個人建立起自己的影響力，或許火花不見得有多大，但就像是點點星子，最終仍是創造出美好銀河。一個接一個，創造出永續的善循環，帶動更多元豐富的環境，讓更多機會應運而生。

同時在我們自己被看見的同時，也能讓更多人知道原來有人在做這件事，只要事情良善，就能讓人擁有希望，甚至彼此可能產生合作鏈接，帶來更多正向美好的循環。

這正是這本書的源起，也是我希望透過這本書，讓更多有志打造個人品牌的人，能想清楚是否要一同走上這趟旅程，並且更無痛的走過這條路徑，進而讓台灣有更多人能夠真正的發揮自我，做自己想做的、喜歡做的，把自己當作一個品牌打造，讓自己的專業能放大被眾人看見。而當越多人都能做到，就能使台灣的就業環境更加豐富多元，一切都會變得更正向美好。那麼，有更多人，包括我愛的女兒、和每一個我們的下一代，都能夠發揮天賦自由，選己所愛，愛己所選，豐盛精彩，邁向理想人生。

願此書能幫助大家實現「花若盛開，蝴蝶自來」。

但花要盛開，有幾件事情是關鍵：

- **首部曲：「認識自己」**。先選對種子種下的地點（定位）；接著，土壤、氣候、陽光要適中（市場）；還得清楚蝴蝶會被什麼花吸引（受眾）。
- **二部曲：「洞察市場」**。種子要能發芽長大（專業產品力）。
- **三部曲：「創造價值」**。要努力綻放，散發花香，用花粉、花蜜吸引蝴蝶、蜜蜂過來（內容）。
- **四部曲：「傳遞價值」**。要持續澆水、施肥，經歷日復一日的風和日麗。
- **五部曲：「持續鍛鍊鑽石五力」**。持續鍛鍊，就有機會做到花若盛開，蝴蝶自來，讓影響力進化成變現力，維持良好獲利循環。

• **最終章：「讓自己活成發光體」**。最後，更有能力種出一片花田，把自己活成一道光，影響更多人一起實現自我。這就是最終章的內容，也是我深刻的期許。

現在，讓我們一起踏上屬於個人品牌的偉大航道吧！

Chapter 1

首部曲：認識自己

01 所有的過去必有利於我

人的一生，只有兩天是重要的，一天是你出生的那一天，一天是你找到自己的那一天。

——馬克吐溫

人的一生最重要的兩天，一天是讓你擁有生命，一天是讓你活出生命。擁有生命是天時、地利、人和，是生物學演進的科學結果。但活出生命——卻是人生一輩子的課題與追尋，得透過外在的經歷、內在的探索、持續的砥礪打磨，才能真正了解自己。

外在經歷是透過體驗找到方向

在人生的不同階段，我們會在不同的時空背景與環境中遇到不同的事件體驗，而每一個外在的經歷都形塑著我們。所以我始終相信，凡過去必有利於我，所有的經歷都是為了讓我們學到，或者得到。而透過外在的經歷與體驗，我們可以進一步發現自己的行動是投注了熱情還是迫於無奈的應該，透過這樣的感受覺察，可以做出自己真心想要的選擇，並進而引發動力，找到方向。

要做到這一點並不容易，因為你我隨時都被社會觀感所影響，也隨時可能被他人的評論比較左右，進而產生了「我應該這樣」、「我不能那樣」的限制；同時，台灣的教育體制，也常常讓我們以為這個世界上只有一種標準答案，人生路上只有一條賽道可選，只要越線就失去了比賽資格，注定不是一個成功人士。這些的「被影響」，都有可能讓我們無法敞開心胸，「真實的體驗人生」。我們得清楚地認識自己，在每一個人生的歷練與過程中真實體驗、向內覺察，進而才能真正讓「所有過去必有利於我」。

內在探索真實的嚮往與動力

往內挖掘自己的真實嚮往與初衷，是非常重要的。我通常會這麼建議前來求教的個人品牌學員，要隨時提醒反問自己三個問題：

一、為什麼你要做這件事？

二、為什麼你要在這個時間點做這件事？

三、透過這件事，你想完成什麼樣的夢想或目標？

找到為什麼，非常重要。除了能領導自己持續前進，更能感召他人跟隨前進，發揮影響力。

除此之外，如何選擇也是一個重點。選擇自己的角色和賽道，除了觀察市場趨勢，發掘洞察商機，也可能會視自己的專長累積；但市場趨勢你未必能看得準，商機洞察未必都能抓到重點，過去累積的專長有可能是情勢所逼，也未必想持續發展。最重要的，永遠是「了解自己的真實嚮往」，也就是發掘「天賦熱情」所在。因為每個人身上都具備一些與生俱來的能力，花三十分的努力就能做到八十分，學得就是比別人快，做得就是比別人好。唯有先努力找出自己的天賦所在，才能在對的方向上努力。

✸ 持續打磨自己，用匠人精神找到持久熱情

當我們透過外在經歷體驗找到人生方向，透過內在探索找到天賦熱情；接下來，還是得反覆地透過外在體驗和內在探索持續打磨自己，用「匠人精神」專注投入，精益求精，將個

人的天賦真正實現，找到屬於自己的「持久熱情」。

我對於所謂的「熱情」定義比較嚴謹，因為坊間有太多人提倡得要「找」到熱情，彷彿熱情是單憑「找」就可以找來的。但我認為熱情除了得「找」，更重要的是要「磨」；因為光靠找，很容易找到的是「激情」，只是一時燦爛，這並不是熱情；所謂的熱情，要能夠延續，就算遇到挑戰和挫折，還是願意持續下去，就像打磨一塊寶石一樣，得用粗的、硬的去磨，會痛、會傷，也會消磨損耗，但就是得持續下去，才能成為寶石，而這一路的過程經歷，也能幫助我們更加確定，這確實是「熱情」，而不是「激情」。這就是為什麼「人的一生，只有兩天是重要的，一天是你出生的那一天，一天是你找到自己的那一天。」

外在經歷讓你得以體驗，內在探索得以發現自我，持續打磨得以培養專業，並且活得充實有趣，因為唯有充滿熱情才能倍感樂趣橫生。當你充分了解自己，找到自己，才有機會真正開始個人的品牌之路。

Light 1 便利貼歸納法：自己的專業關鍵字

	時　間	專業經歷、工作內容	關鍵字標籤 #
1	就讀博士班準備論文期間	知名電商：電商品牌操作，重新定位品牌，包含廣宣、代言人和公關操作。	# 電商 # 品牌行銷
2		Nielsen：市場研究和大數據分析。 知名外商品牌：釐清商業議題和策略探討。	# 行銷分析
3	將近十年	〇〇外商：品牌行銷，主要進行品牌行銷策略規劃。	# 品牌行銷 # 策略規劃
4		知名藥品代理商：專職代理品牌的行銷規劃與通路策略。	# 通路行銷
5			

案例分享

我通常會使用「**便利貼歸納法**」，試圖找出我自己在每一段專業經歷所累積的關鍵字標籤，予以聚焦。舉例來說：

我就讀博士班準備論文期間，於當時十分知名的電商進行電商品牌操作，除了重新定位品牌，也包含廣宣、代言人和公關操作——**# 電商**、**# 品牌行銷**。

在 Nielsen 做過市場研究和大數據分析，替知名外商品牌釐清商業議題和策略探討——**# 行銷分析**。

接著有將近十年的時間都在外商從事品牌行銷，主要都在進行品牌行銷策略規劃——**# 品牌行銷**、**# 策略規劃**。

最後在知名藥品代理商專職於代理品牌

的行銷規劃與通路策略——**#通路行銷**。

從列出的這些標籤重點可以明顯看出，交集最多的#標籤是「行銷」。但行銷包含的面向過廣，包含品牌行銷、通路行銷、數位行銷、媒體廣宣等等，最後我將範圍鎖定在「品牌行銷」，而且是著重在「策略規劃」上。這正是我的熱情所在，也是人生經歷中打磨累積最久的一塊。

思考動動腦

【步驟一】內在探索

檢視自己當下正想投入的事情或身分是否正確，選個安靜不被打擾的時刻，反問自己三個問題：

一、為什麼你要做這件事？

二、為什麼你要在這個時間點做這件事？

三、透過這件事，你想完成什麼樣的夢想或目標？

【步驟二】外在經歷

如果第一題的答案你還不確定，可以運用以下工具：嘗試盡可能完整的把自己的經歷都填入表格中。

這個表格就是我們面試填寫的履歷表。

一、**試著寫下所有自己做過的，具代表性、維持一年以上的事情：**這可能是工作、副業、私下的興趣技能等等。

二、**為什麼做：**寫下自己當時開始做，和持續能做超過一年的原因。

三、**持續時間：**計算從開始做和沒有繼續做的時間點，看維持了多久。

四、**做完的感受：**可以想想自己為什麼沒有繼續做，做的當下感受是好的、或不好

Light 2 內在探索：自己的真實嚮往與動力

	問　題　Q	答　案　A
1	為什麼我要做這件事？	
2	為什麼我要在這個時間點做這件事？	
3	透過這件事，我想完成什麼樣的夢想或目標？	

的，都寫下來。

五、**是否符合興趣／金錢／趨勢：**填上做這件事符合哪個面向，答案可以複選。

六、**代表標籤：**這件事的代表關鍵字標籤。

填表完成後，留下做完感受好、且願意持續做的事件表單，將當中的各個標籤整合。盡可能選擇符合興趣與能夠變現這兩個項目，因為有興趣才能長久，而能夠變現也才能支持自己無後顧之憂的持續做下去。

Light 3 —— 外在經歷：專屬於你的標籤盤點表

	做過的事	為什麼做	時間區間	做完的感受	符合面向（興趣、金錢、趨勢）	代表標籤
1	**外商做品牌運營和行銷規劃**	非常喜歡策略和行銷	10 年以上	很有成就感但真的很累	興趣 金錢	品牌
2						
3						
4						
5						

02 用別人的眼光看自己

與人閒聊時別人所提供的明智見解，常是促使我們自我檢討的強大動機；這遠比我們新年時立下志願要改善工作和家庭更為有效。

——當代心理學家《快思慢想》作者　康納曼（Daniel Kahneman）

任何人看自己都有盲點。使用著名的心理學理論「周哈里窗」（Jehari Windows），便可以用來說明這個狀況。

其中的「盲目我」，也就是自己不知道、但別人知道的部分，除非經由他人提醒，或自己遇到事件得知而深刻反省，否則一般人很難發現自己的某些不當行為，以及這些行為可能給別人帶來的困擾。所以，「適當」、「客觀」且「正確」的瞭解他人的見解，用知道別人用什麼眼光看自己，是幫助我們更清楚認識自己的重要關鍵。

Light 4　周哈里視窗圖：了解自己

自己掌握的資訊

對方掌握的資訊	知道	不知道
知道	開啟我（arena）	盲目我（blind spot）
不知道	隱藏我（hidden）	未知我（unknown）

適當運用身邊的「誠實之鏡」與「支持之鏡」

古語有言：「以人為鏡，可以明得失。」他人給自己的回饋宛如一面鏡子，可以讓我們從不同的角度看清自己，避免陷入當局者迷。而這樣的明鏡分成兩種：「支持之鏡」與「誠實之鏡」。

支持之鏡總是鼓勵我們，使我們得到安慰與支持。例如，當我在一場演講表現得不理想時，支持的力量會安慰我：是我當下的狀況不好才造成沒表現好，那並不代表我的真正實力。但誠實之鏡則會如實呈現，完整顯現我們的不足與缺點。就好比這場演講我表現得不好，是因為我準備不夠充分，口語文字表達能力需要加強等。

過度倚賴支持之鏡，會使我們迷失在取暖的氛圍中，自我感覺良好，反而無法破除自己的盲點，擺脫同溫層效應；但是，過度使用誠實之鏡，也可能讓我們懷疑自己，導致自信不足，反而難以前行。因此，懂得覺察自己的狀態，適度搭配使用明鏡，是非常重要的。

當自己需要安慰與支持時，大可以告訴身邊的人，自己此時除了需要提醒和建議，但同時也需要溫暖的支持；同時也必須謹記，很多時候，我們更得鍛鍊自己的心理素質，常常使用「誠實之鏡」，勇於承認自己的不足，面對自己的弱點加以提升，找到方法去改善自己。透過別人的眼睛誠實地看待自己，也可以理解他人對「我」這個品牌的認知，更能客觀明確的釐清自己的定位。

客觀使用社群意見做調查

然而，我必須坦白的是，事實上我們常常無法得到誠實的回饋，因為現實有時殘酷得讓人難以接受，身邊的親朋好友總想扮演安慰和支持我們的角色，加以很多時候，人們也不想承擔因為說真話而可能影響彼此情誼的風險；更不用說，物以類聚。我們身邊的友人往往也與我們有相似的價值觀，容易以相同的角度評估判斷事情，這也就是所謂的同溫層效應。這些都可能使自己對事實的判斷造成偏誤，因此，懂得利用社群媒體做客觀的意見調查就顯得非常重要。

我常會建議有心經營個人品牌的學員，除了詢問信得過的親朋好友對自己的個人認知外，也可以透過社群媒體的限時動態和貼文設計一些相關問題，廣泛地讓一般朋友甚至網友來進行作答。諸如：「你覺得 Cynthia 是一個給你什麼樣感覺的人？」、「你為什麼會想要追蹤 Cynthia 的帳號呢？」可以同時給出幾個選項，或問開放式問題。經由這個做法也可以讓人適時了解自己想經營的個人品牌定位、想呈現的風格調性，以及個人的品牌形象，與實際上受眾的認知是否一致，如果有所偏離，也可以再適時優化調整。

不過，Cynthia 在這要特別提醒，這個方法比較適用於已經開始經營自媒體一段時間的人，如果你在社群上完全沒有內容，讓受眾有足夠的蛛絲馬跡對你進行了解與觀察，建議你還是要好好運用身邊的親朋好友們，認真並保持開放的心態，邀請他們對你提供誠實而中肯的意見。記住！別人閒聊時所提供的明智見解，正是促成我們檢討改善自我的強大動機，這比我們在新年時立下志願要改善工作和家庭的關係更為有效！

正確面對他人意見，既能幫助思考，也避免自我懷疑

透過別人的眼光看自己，雖然可以讓我們看清「盲目我」，但其實也有風險。因為你我

都生長在滿足他人社會觀感及周遭人的期待下長大，十分容易受到他人看法影響，有時因為自己的心理素質不夠穩健、內在自信不夠強大，非但沒有因此看清「盲目我」，反而可能迷失自我，舉步維艱，在原地打轉。

正確的做法是，是當我們接收到他人的回饋意見時，能自我覺察並深刻反省，同時需慎防過度自我懷疑。有時候，如果真的對他人回饋的意見感到不確定，可以問問身邊信得過的第三方：「我聽A說我常常因不小心話說太快而讓人覺得不舒服，我想了解是否真有這樣的狀況，必須加以改善，所以想詢問你的意見，你覺得我會這樣嗎？」如果發現情況屬實，就大方接受自己的不足，但不過分苛責自己，也無須懊悔難過，而是能夠以正面積極的態度面對，思考接下來怎麼做會更好，謝謝對方的提醒與回饋。

我自己很常對願意向我提出反饋意見的人表達謝意，因為他們花時間給予我反饋的同時，也承擔了提出意見可能損及雙方關係的風險，不管這樣的反饋是否客觀真實，但願意真誠給我們回饋的人，都值得我們感恩。在接納他人意見的同時，也表現出我們的寬容與自信，更是對自我的修煉。接下來，如何去面對收到的建議，甚至能藉由每一個提點讓自己變得更好，就要仰賴你我的智慧了。

案例分享

我先前曾輔導過一個案例，是一位經營個人品牌約莫兩年時間的保險從業人員——**保險哥哥**。當時因為他自己經營了社群媒體一段時間，遇到互動下滑，也不確定自己的定位是否適合社群版面的受眾，於是來找我諮詢。

我請他先設定一則限時動態，詢問追蹤者：「為什麼你會想追蹤保險哥哥？」意外的獲得許多回覆，也發現受眾都很喜歡他整理的保險相關知識，感受到他的誠懇實在和樂觀真誠，於是我們修改了一下帳號簡介。

接著過幾天再問：「你還想看到保險哥哥分享什麼內容呢？」，也藉由粉絲的回覆，挑選了一些常見問題，開始設計成社群議題

Light 5 案例分享：保險哥哥

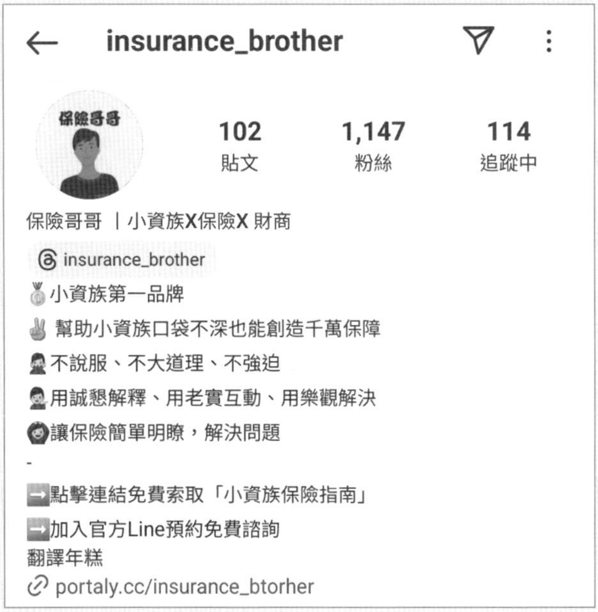

去製作貼文，創造了前所未有的觸及人數和互動數，而且效益持續在提升中。

可見，適時善用社群意見，透過他人的眼光看待自己，是一個能更客觀認識自己的好方法，也是在自媒體提升與粉絲互動連結的方式。

思考動動腦

詢問十到二十個身邊可信任的朋友以下問題，彙總統計出最常出現的答案：

一、你覺得我是擁有什麼樣**個性特質**的人？請給出三個形容詞。

二、你覺得我有什麼樣的**專業**？請提供您第一時間想到的專業領域標籤。

Light 6 — 詢問朋友：自己不知道的資訊（盲目我）

	問題 Q	答案 A
1	你覺得我是擁有什麼樣個性特質的人？請給出三個形容詞。	
2	你覺得我有什麼樣的專業？請提供您第一時間想到的專業領域標籤。	
3	當你發生什麼樣的問題需要幫助時會想到我？	
4	有什麼是你覺得我可以做得更好的？	

三、當你發生**什麼樣的問題**需要幫助時**會想到我**？

四、有什麼是你覺得我**可以做得更好**的？

03 用未來的眼光看現在

在這個世界上，如果有一種東西能讓你成功，我相信是時光穿梭機。若以未來的眼光看現在，90%以上的人都會成功。你要站在二〇二五年來看你今天在做的工作。

——中國知名新商業架構講師　張琦

張琦老師近年在中國頗負盛名，加上她輔導企業培訓的多年經驗，以上這段話以各種形式在網路平台不斷傳播。若真要追溯這段話的源頭，引用自軟銀（Soft Bank）社長孫正義先生的「時光機理論」。

也就是說，如果世界上存在著時光機，你大可以從二〇三四年回到二〇二四年的今天，因為已經知曉從今日到未來所會發生事件的軌跡，因此就算仍有成事的部分細節可能未必能全盤掌握，但循著已知的路徑也會使事情有很大的機會成功。至少，光是做股票投資都能事先獲知漲跌的時機點，投資堪比巴菲特[6]一般，精準無比。所以，這段話的論述正確，只是，我們都沒有時光機，只有哆啦Ａ夢才有。

但是如果用未來的眼光看現在，關鍵重點仍然是在經營事業品牌上。無論是企業品牌或是個人品牌，都十分值得運用的品牌行銷的底層邏輯，方法在於——多看看這個世界。因為已發展國家所經歷的，正是開發中國家未來所可能會經歷的。

「未來一直都在，只是歷史分配不均。」[7]如果經營個人品牌想要變現獲利，意指你不只想提供內容，更想要能創造可變現獲利的商業模式，那麼在市場趨勢和商機上的掌握上必不可少，這時，以未來的前瞻眼光看待現在，十分重要。舉例來說，這幾年ＡＩ人工智慧當道，大數據的分析也重新回歸市場熱門排行，行銷科技（MarTech）[8]更是近年行銷５．０的主軸，尤其後兩者與我事業品牌發展顧問的定位標籤息息相關，至於ＡＩ則可提升現代人經營事業和個人品牌的效率，我雖無須專精，但也不能錯過了解這樣的趨勢。

6—巴菲特（Warren Edward Buffett），當代知名的投資大師。

7—此話語出張琦，意指歷史一次次在未來重演，但每一次流行風潮的興起與泡沫化，在越來越M型化的社會下，資源始終分配不均。

8—MarTech 這個字由 Marketing 和 Technology，也就是行銷與科技這兩個詞所組成。而 Martech 意思就是將行銷、科技合而為一，利用科技達到行銷目的的科技工具。

也許正在閱讀此書的你會這麼想：「ＡＩ與大數據盛行我知道啊！但這跟我有什麼關係？我不過就是一個人，沒有要創業，也沒有想做什麼大事業，我只是想經營『個人品牌』而已。」但說穿了，個人品牌的經營、職涯的工作選擇、任何人生階段的重大決定，其實和創業的商業底層邏輯基本上都是完全一樣的。

以個人品牌本身為例，如果你抱持著十年後自己想成為的樣子再回過頭來看待現在自己的每一個決定，很多時候我們的選擇會變得很不一樣。至少，我們會很清楚，自己所做的每一個選擇在人生中佔有什麼樣的重要位置，是十年大計佈局中的哪一步？也更能不拘泥於眼前的得失。如果說十年跨度太長，難以預測估計，那麼你可以先試著以三、五年為階段目標思考：

一、我想要成為什麼樣的人？

二、我想要達成什麼樣的目標？

三、我想要過上什麼樣的生活？

如果我們認清了自己現今的位置，明白了未來自己想成為什麼樣的人、達到什麼樣的目標和過上什麼樣的生活，我們應該思考的是：究竟要怎麼走，才能走到理想中的那個畫面當中？

學會用未來的眼光看現在，真的非常重要。只看眼前，很容易陷於蠅頭小利，甚至會像無頭蒼蠅一樣亂竄亂飛，或是糾結於小處，難以往前邁進；最終才發現自己只是繞著一個點在空轉，永遠到不了想去的彼岸。唯有以宏觀的視野拉高格局，提升認知，從上往下綜觀全局，才能看清楚自己現在在哪兒，又要往哪兒去，最終將成就什麼樣的畫面。

人生的所有設計規畫，包括個人品牌的經營，就像是使用google map一樣：必須優先知道目的地，緊接著要定位現在的位置或起始點，系統才有辦法幫你規畫路徑，告訴我們怎麼走比較好；接著，可以選擇要搭捷運、公車、還是要自己開車，或是步行。有些路徑選擇走較長距離，但花的時間反而少，而有些路徑也許轉乘交通工具的次數較少，但花的時間卻更久。我們必須依照自己的情況，衡量到達目的地的目標時間，甚至有多少交通預算，以及自己偏好搭車或是走路，去做出最適合我們自己的選擇。

有一次，我私下請教個人品牌的大神前輩于為暢老師[9]，關於個人品牌的商業模式，我一直很欣賞于為暢老師所說的一句話：「個人品牌經營就像是一門藝術，每個人都有很大的不同。」這樣的藝術要如何動筆下筆，怎麼塑造，最終呈現什麼樣貌，都由我們自己決定。但首先，我們必須認清，所有的過去必有利於我，充分了解自己；然後，用別人的眼光看自己，

9 于為暢，《一人創富》作者，個人品牌事業教練，號稱台灣個人品牌經營的先驅。

保持客觀中立；並用未來的眼光看現在，拉高格局思考，突破眼前的認知。事前準備好這樣的心態，才能穩妥的走上個人品牌的偉大航道，來一場專屬於自己的藝術創作。

下一個章節，我們來好好想清楚，也設計好自己的未來想要到哪，並做出屬於自己「具體」「有感」且「可視」的目標設定。

案例分享

很多學員會告訴我：「我真的不知道以後要做什麼」，或者也有學員說：「世道變化太快了，計畫根本趕不上變化，我現在想，有用嗎？」。會有這樣的想法我完全可以理解，因為我自己其實也遇到了相同的狀況，因此我想分享自己的經歷，也許能給同樣有這樣疑惑的讀者作為一個參考。

當我初入職場進入外商公司，便立下了一個遠大的目標，想要成為外商公司的台灣區總經理，或者是品牌總監，而我也的確為了這個目標拚盡全力，每天早八晚十，甚至晚十二的辛勤工作。不斷創造佳績進而獲得升遷，成為外商公司的品牌總監是我第一版的職涯十年大計。在這個過程之中，我經歷了父親過世、家裡遭逢巨變，甚至懷孕臥床安胎，每一次的考驗都曾經讓我對自己的決定產生懷疑，但我仍想努力堅持完成目標。

這所有的一切直到我擁有了自己的孩子——樂樂之後發生轉變。

對我來說，她完全是上天給予的禮物。是她讓我停下腳步開始思考：原來的十年大計，究竟是我真心想要的，還是只是為了證明自己而做給別人看？位居外商公司的台灣區品牌總監確實是令人稱羨的外在成就無庸置疑，但這真是我心中渴望、而且能在我達成目標之後，獲得心靈富足的內在成就嗎？

我茫然摸索了許久，掙扎於家庭和工作的縫隙中來回拉鋸，也做了各種嘗試。直到後來走上事業品牌發展顧問的道路，我才算真正的找到了自己的志業，從摸索到確認花了多年時間，此時的自己也已經將近四十歲。

我發現自己一直熱愛品牌和策略運營，也具備這樣的天賦和經驗能力，因此決定以此來幫助更多台灣的中小企業和個人品牌，發展事業品牌，讓台灣的環境更豐富多元，讓更多人可以做自己喜歡、想做的事，發揮天賦自由；進而有機會讓台灣的好品牌被世界看見，讓台灣被看見。未來我個人的目標會不會再次發生改變，我無法篤定給出答案，但這的確是我在接下來十年想要努力投入的事業，也是我努力耕耘的「個人品牌定位」。

我們一開始不見得能馬上清楚看到答案，因為了解自己是一輩子的課題，加以臺灣的教育總讓我們習慣接受主流社會所給予的標準答案，習慣了每件事只有一種正確解答，加上我們普遍對社會觀感仍十分在意，父母對於子女生涯規劃的涉入程度深，因此普遍的臺灣群眾，包含我自己在內，在了解自己和找尋自己真正想做的事時，都需花上一些時間。

但是，透過開始邁入這場屬於自己的個人品牌航道，我相信你也會得到很多有趣的答案，因為我也正是如此。

Light 7 —— 人生時間點的轉變和思考

	時　間	目標／經歷		轉變／思考	
1	初入職場 到懷孕生產	成為外商公司的台灣區總經理，或者是品牌總監。	早八晚十，甚至晚十二。 經歷：父親過世、家裡遭逢巨變，懷孕臥床安胎。	擁有自己的孩子「樂樂」。	原來的十年大計，究竟是我真心想要的，還是只是為了證明自己而做給別人看？ 我心中渴望、達成目標後能獲得心靈富足的內在成就，是什麼？
2	生育 到近四十歲	茫然摸索	家庭和工作來回拉鋸。 各種嘗試。	發現自己一直熱愛品牌和策略運營。	事業品牌發展顧問

04 以終爲始才能有方向

創新的力量取決於志業的心有多大，你想要解決世界性的問題，就能調動世界性的資源。

——中華民國數位發展部　前部長　唐鳳

目標設定是做任何事情前很重要的一步。因為，在目標設定的同時便是給自己願景藍圖，是為自己確立偉大航道的航行方向。當你打算前去尋找一個巨大的寶藏，為自己設定目標不是給自己壓力，而是給自己方向。儘管獲得成功的方法很重要，但方向更加重要。若是迷失方向，可能就白費了時間資源；當然我們都還是能藉此從錯誤中學習，但千萬別將勤奮用錯地方，優先設定目標，永遠是基本先決條件。

坊間教人設定目標的書籍很多，包括最廣為流傳的超強目標管理法「SMART原則」，還有常常讓公司用來作為管理的「OKR」（Objective Key Result，目標與關鍵成果），我覺得都是很好的方法。但是，最讓人覺得無奈的是，人們往往在設定目標時熱血沸騰，一旦執行時遇到重重挑戰，驗收盤點時便顯得意興闌珊，甚至挫折失落。

所以，我提出**「具體」**、**「有感」**和**「可視」**等三個面向，協助想打造個人品牌的學員，能降低目標設定時的空泛感，同時提升目標與自己的連結，進而有效提高目標的完成度。

★「具體」的目標是做任何事的關鍵

在本書中，我使用「SMART原則」來進行說明，一方面是因為此原則推行已久，相對廣為人知；再者，比起「OKR」也更加容易上手使用。以下我針對「SMART原則」再做詳盡的舉例說明：

原則一　S——Specific 具體明確

目標必須具體明確，減少模稜兩可或各自解讀的主觀形容詞。

舉例來說，當想要設定減重目標，會以客觀的數據定義：「希望減少五公斤、降3%體脂」；而非將目標設定為「減重至體態適中」，因為所謂的「適中」就是一種各自解讀的主觀形容詞。

原則二　M——Measurable 可衡量的

目標最好能以數字表現，且能公平驗收。

比如我常常聽到學員說：「我要成為這個領域有影響力的專家。」這當中的問題在於：怎樣算有影響力？對你來說有哪些指標可以確認達到有影響力？能夠衡量十分重要，因為用感受和直覺去評估會流於主觀，同時可能失準，相較之下，數字永遠更加精準客觀。

原則三　A——Achievable 可達到的

目標必須可以達成，不過度好高騖遠，但也要有所挑戰；稍微跨出舒適圈，使人達到學習圈和成長圈，訂定一個會讓自己必須付出努力，但不會過度勉強而無法堅持持續的可行目標。

因為個人品牌須具備「品牌思維」，品牌經營須長期持續累積，少說得要二、三年，甚至是五年才看得出成效。這就像參與一場馬拉松競賽，如果選手一開始就衝刺，很難跑完全程。所以，這又得仰賴選手自身對自己有充分了解，清楚自己的限度為何，不過度勉強自己，但也不會流於舒適圈而難以進步，端看選手對自己了解的程度與分寸的拿捏。

「我們常常高估自己一年所能完成的事，卻低估了十年所能成就的功業。」永遠記得保持宏觀的長線眼光，不過度急躁，堅持累積，最終才能達到目標。

原則四　R——Relevant 相關連的

人生目標的訂立必須跟自己真實嚮往和內在成就息息相關，工作目標的設定須與工作職權相關，而在個人品牌的目標設定上則必須與自己的個人定位與真心嚮往有關。此時不妨問問自己兩個問題：

1. **這個目標與現階段的策略有相關嗎？能帶來意義嗎？**
2. **這個目標符合我的期待或需求嗎？**

原則五　T——Time-bound 有時限的

為自己設定目標時限十分重要，通常我自己喜歡設定三年、一年目標和分季檢視，從小目標累積小贏鼓勵自己。不將時限拆解到月是因為，將目標分切到過小的時間單位時，很難看出進展，反而會使人徒增焦慮，甚至因而放棄目標。

讓自己「有感」才會是真正的目標

列出一個漂亮的SMART目標後，更重要的是和自我對話，檢視這些是否真是自己覺得有感的欲求目標。因為意願就是〇和一，儘管目標再明確再漂亮，但如果沒有意願，仍舊無法達成。

而所謂的意願，則通常會跟這個目標是不是你真心想要、真的有感大大有關。所以，同樣地，我們必須再次回到了解自己，與自我對話覺察。唯有了解自己，才能清楚目標究竟是自己的真實欲求，還是落入了社會觀感的期待而盲目追求。只有符合自己真心所想要的天賦熱情所在，才能夠持續長久。

什麼樣的目標會讓自己特別有感？通常這個目標跟我們所愛的、在意、重視的「重要關係人」相關，就會讓我們格外有感。這個重要關係人可能是家人、親人、小孩或是自己。我要特別提醒，「自己」的重要性永遠得排在第一位，所有人都必須由自己出發。

就像暢銷書作家愛瑞克老師，在最新力作《內在成就》一書中也特別強調自我價值的內在成就。愛瑞克老師定義：外在成就來自於外在社會價值觀的追求與現實標籤，內在成就則來自於自己，透過「專注」「有意義」和「挑戰極限」，使人跨出舒適圈，創造自己的心流，發揮自己的天賦，能讓內心豐盛圓滿。他在書中說道：「外在成就讓我們在眾人面前感到驕傲、抬得起頭，因為光來自於他人；內在成就讓我們無時無刻不感到豐盈圓滿，即使在獨處、漫長的黑夜裡，也能夠感到自在從容，因為『光』發自於內心。」

「可視」的標竿人物可以強化目標

多數的人是看見才相信，而不是相信才看見。因此，我很鼓勵個人品牌學員夥伴做一件事——找出一個標竿人物使自己的目標可視化，進而能更強化自己的目標。一方面，人有時候很難清楚理解自己所想要的，但我們通常都會有榜樣對象（role model）或偶像崇拜；二方面，結合具體且有感的目標，同時找出自己的榜樣對象，使其成為我們的「標竿個人品牌偶像」；讓原本的目標更為具體明確而且可視，就能再回過頭確認，你對這樣的目標是否真的有感？目標是否清楚明確？更重要的是，這個目標是否是你所真心嚮往？

通常人們在選擇自己的標竿個人品牌偶像時，可以視其性格特質、能力、工作習慣和脈絡資源，一一盤點，列下來以後，再對照自己本身的現況，就可以明確自己與標竿個人品牌偶像之間的差距，同時持續觀察對方、跟對方學習，為自己帶來成長。標竿個人品牌偶像是我們非常好的學習目標，在經營個人品牌初期也會是很好的模仿對象，透過學習模仿對方的優點，再藉由自己持續的擴充學習，延伸發展出自己的特色與路徑，逐步打造自己的個人品牌。

以下我列出一些令人激賞、也是我從自己的標竿個人品牌偶像身上看到的優異特性：

一、**性格特質：**具強烈的個人特色魅力，有明確目標、自律、積極、執行力強、擁有充足的創作動能、清楚自己優劣勢並樂於歸零學習，能堅持改善自我、堅毅且正向樂觀、勇於挑戰。

二、**專業能力：**具備良好的表達能力，論述清晰、觀點客觀、表現在自媒體內容產製的內容和質量、粉絲掌握上成效有目共睹。尤其社群互動的反應速度更是重要，我所喜愛的個人品牌標竿通常都是每日更新與粉絲互動。

三、**工作習慣：**重承諾、除了產出也在意效果、具備專案管理能力與通才思維（行銷／業務／財務能力與商業思維）、懂創造或開發資源。

四、**脈絡資源：**具備特定人際關係、異業品牌資源。

從上述內容你大概不會訝異為什麼我這些年來會一直把《數位游牧》的作者凱若 Carol 視

為榜樣，持續往這樣遠大的目標前進吧！而且，若你曾仔細觀察幾個具備知名度與影響力，同時也具有變現能力的專業個人品牌，相信你幾乎都能從他們身上發現到上述特質。

我自己很喜歡觀察欣賞的個人品牌粉專有：郝旭烈郝哥、布姐陪你聰明工作創意生活、凱若 MiVida Carol、知名頂尖講師王永福福哥等，透過追蹤他們的社群平台，除了藉此從前人走過的道路學習經驗，更常常在他們的版面上習得人生智慧，擴充認知。

找到一個自己喜歡也有感的個人品牌，不過度簡化他人的成功，學習觀察了解他的性格特質、個人品牌專業能力、工作習慣、脈絡資源，同時對照自己的現況，正是為自己找出前行軌跡方向的好方法。而且因為榜樣擺在眼前，清晰可見，並非憑空想像，又是自己出於自我意願去選擇榜樣對象，通常也容易有感，同時這樣的學習夠明確具體。讓自己不只是偶像崇拜，而是學習典範，向大師致敬，使自己成為更好的自己！

關於目標設定是否能落實執行，或是過於好高騖遠？偶像崇拜是典範學習，還是追星羨慕？目標設定是真心嚮往，還是落入社會觀感的誤區？有時候我們身邊需要一個可信的良師益友來交流討論，或是一個專業顧問在需要時輔導諮詢。

Light 8 個人目標設定

	具體					有感	可視
	SMART 原則					意願／真心	榜樣對象
	S 具體目標	M 可衡量數字	A 可達到	R 重要關係人	T 時限		
1	事業變現目標。詳列需要的客戶數量和相對應的產品服務方案，讓一切都具體數字化。	原本：外商公司的月薪	調整：跟老公討論後，訂立在家計和外商公司原收入落差之間的數字。	我的女兒樂樂	樂樂上小學的那一年	想有品質地陪伴我的女兒樂樂	凱若 Carol

案例分享

以我自己為例，當時我為自己的個人品牌經營所設定的目標是，要成為品牌發展顧問和講師，並能使事業穩定成長，擁有穩定的客戶，讓這個商業模式變現，進而收入穩定，也能自由安排工作時間，因為我經營個人品牌的起心動念，來自於「想有品質地陪伴我的女兒樂樂」。

所以我在SMART的原則下，訂立了事業的變現目標，詳列需要的客戶數量和相對應的產品服務方案，讓一切具體數字化，同時確保我服務這樣案量的客戶對象所花費的時間成本是否可行，因為我必須兼顧最重要的初衷——有品質地陪伴女兒樂樂。同時，因為這個目標的重要關係人（R）就是「我的女兒樂樂」，於是我用樂樂的歲數和相對應的狀態去回推，這個目標設定綁定了樂樂的成長階段和當下可能的樣貌狀態，讓我格外有感。

同時，因為當時我還在外商公司工作，所以我們全家住在台北，老公每天新竹台北兩地通勤，十分辛苦。因此我當時想，若我的個人事業能穩定變現，我在哪都可以工作，就可以讓老公不用再遠距通勤，我也可以有品質的陪伴樂樂；因此以我為例的重要關係人除了樂樂，還有我老公。

但若要讓老公不用遠距通勤，我們勢必得從原先的居住地台北，舉家遷移到新竹，環境的轉換考量到樂樂的成長就學，因此最好的時間點就在她上小學之前，因為孩子從幼稚園到小學本來就需要轉換學校環境，在那個時間點做變動相對的對她的影響也比較小。於是我設定了時限（T）是「樂樂上小學的那一年」。

此外，設定目標可達的（A）與可衡量的數字（M），同樣也是一門學問。當然最理想的狀態是我個人品牌顧問事業能穩定變現的金額可達我當時在外商公司的月薪……不過說真的，外商公司的薪資福利真的很好，想在短時間達標，雖然非不可能，但我勢必得犧牲一些時間，更可能會影響到家庭和工作狀態，這反而違背了我想要的理想人生。

我不是個「寧可賺夠了錢以後，再來好好陪家人小孩」的人，因為我深信所有事情都要把握當下，如果想等以後賺夠錢再來做什麼，容易陷入錢永遠賺不夠，承諾兌現遙遙無期的狀況。

所以，藉由反覆思考並和自己對話，我清楚知道自己必須放慢步調，除了本業，我還是一個媽媽。當下我跟老公討論，讓他知道我對自己設定的時限目標，徵詢他對這樣的改變所造成的收入落差之感受與想法，是否會造成家計壓力……在幾次的討論和溝通調整後，我也才訂出變現目標中真正可行可達到的實際數字。

接著，目標設定之具體和有感的面向完成後，我進而開始找尋自己的榜樣對象。當時我觀察了很多個人品牌，發現了跟我一樣是媽媽身分的凱若 Carol，她也是在多年前為孩子而選擇居家創業；同時，在仔細了解後也發現我們具備很多相似的背景條件：一樣畢業於台大、一樣常常被說是學霸、一樣有一個嚴格的媽媽、一樣很愛自己的女兒、一樣想要生活如自己所設計的美好理想。所以，我在幾年前開始將凱若 Carol 視為我個人品牌的標竿，持續觀察學習。

當然，一路上過程中有很多辛苦挑戰，但也因為我的這個目標結合了我所愛的女兒和老公，並有一個溫暖堅定的標竿人物可以學習，在我好幾次遭逢低潮時，我看著她所分享的內容獲得了啟發和力量，進而咬牙撐了下來，一路走到了現在。我要在此特別感謝凱若 Carol 的存在，才有今天的我和這本書的誕生。

一路走來，我在自己的路途上繼續前進，同時也觀察到自己除了在人生路徑上的設計上選擇凱若 Carol 作為個人品牌的標竿，也希望可以逐步累積人生智慧和做人處事的圓融，讓自己成為更好的樣貌，更視充滿人生智慧的顧問郝旭烈郝哥為我的榜樣對象。畢竟個人品牌是把自己當作品牌經營，在任何與人的接觸點上維持一致，同時讓品牌價值提升，更是重要。

我除了聽郝哥的 podcast、看郝哥的書、更試著找機會跟郝哥共辦讀書會和參與幾次郝哥的現場訪談（十分感恩郝哥願意給我這樣的機會從旁觀察並學習）。我從中觀察郝哥怎麼樣跟每一個人互動、怎麼樣陳述觀點、怎麼樣說出讓人深受啟發又易於記憶的金句，又是如何在每一個場合從容有餘裕的去顧全每一個人，並反思如果是我自己又會怎麼做，盤點彼此的落差，鍛鍊自我的智慧。透過觀察郝哥、跟郝哥學習，讓自己在顧問和人生智慧上能成就更好的自己。

接著，在講師的角色上，我又開始搜尋設定自己內心的榜樣對象，當時我發現頂尖講師王永福福哥對專業的堆疊琢磨和自我品牌細節上的堅持，跟我的理念原則一致，也讓我心生嚮往，於是我將福哥視為講師角色的榜樣對象。將所有福哥出的書籍都買回來，也購買了福哥的各個線上課程，除了反覆閱讀、學習研究外，更試著思考為什麼福哥會這樣設計、為什麼這個細節要這樣呈現。

適逢此書準備出版的過程中，福哥推出了精品級、運用四機四鏡、宛如電影規格的線上課程「簡報的技術」，我馬上報名了線上首映會前去現場觀摩，思考福哥為什麼如此設計首映會的簡報和環節流程；同時還遇上福哥與另一位知名頂尖講師謝文憲憲哥復刻合開的「憲福講私塾REMAKE」，我當然也不會放過這樣的機會，斥重金報名學習，為的就是能近距離真實的從自己的榜樣對象身上學習，如何扮演好講師這個重要角色的精髓。

在人生旅程的不同階段，你可能會選擇不一樣的榜樣對象，也可能像我一樣，在個人品牌的不同角色面向選擇不同對象作為個人品牌的偶像標竿；但更重要的是，得用心觀察這些對象，並認真學習他們的一舉一動，才能讓自己往更好的自己逐步靠近。

思考動動腦

完成表9，做出自己具體、有感且可視的目標設定（先以三年為限）。

包含：你想擁有什麼（事業、物品、事件、生活方式等）、相對應的金錢目標數字、預計完成時間、跟這件事相關的重要關係人，與達成目標時關係人的年齡與狀態樣貌）

透過上述目標，找出你的榜樣對象role model，寫下目前正位在三年後你希望自己也能達到目標的五個人的名字：

訂閱他們的社群平台內容，持續觀察學習他們，並與他們互動兩週，選出其中一～二位最有共鳴者，做為個人品牌的標竿，持續觀察追蹤，並跟他們學習。

Light 9 具體、有感且可視的目標設定表

	想擁有的	相對應金額	完成時間	重要關係人	關係人年齡
1	放心辭掉外商工作 舉家搬到新竹	8萬	樂樂上小學 20__.7.1	樂樂和老公	樂樂（7歲上小學），老公（到時候____歲）
2					
3					
4					
5					

？迷思小教室

一、我同時做了很多事情，該怎麼定位個人品牌？

二、我不知道自己想經營什麼樣的個人品牌。

三、我不知道自己想要透過個人品牌達到的目標。

遇到這些問題，我通常會回歸根本的詢問問我這些問題的對象：

一、你為什麼會同時做這麼多事情？

二、每件事情你選擇的原因是什麼？

三、你未來想要達到的目標是什麼？

四、這些事情跟你未來想達到目標的關聯性是什麼？

因為能放在個人品牌之中成為目標的，必須是「符合未來長期目標設定，並整合過去一年以上自己被他人清楚認知的標籤特質，同時自己也有興趣與意願想耕耘至少三年以上的事項」。符合長期目標設定，以終為始，也才能帶著你我走向心目中想要的畫面，那個具體的理想願景。自己過去一年以上被他人清楚認知的標籤特質如果能整合到個人目標上，將能為自己大大加分，因為，透過自己過往專業的經驗堆疊，也能提升自身專業形象的可信度。

打造個人品牌必須具備「品牌思維」。品牌是藉由一點一滴、一步一腳印地持續堆疊累積，建立起明確的個人品牌識別，同時獲得受眾對象的信任，同時加深與對方的連結，進而達成想要達到的目標。所以，我建議有心經營個人品牌的朋友，在設定目標定位時，要確保這是自己未來三年想投入的領域。

太多的人常常都沒有真正想清楚自己想成為什麼樣貌，想活出怎樣的自己，過上什麼樣的人生。透過經營個人品牌，是一個釐清上述答案也真正了解自己的絕佳契機。

Light 10 迷思：個人品牌目標設定

	問　題　Q	答　案　A
1	我同時做了很多事情，該怎麼定位個人品牌？	一、回歸根本： 1. 你為什麼會同時做這麼多事情？ 2. 每件事情你選擇的原因是什麼？ 3. 你未來想要達到的目標是什麼？ 4. 這些事情跟你未來想達到目標的關聯性是什麼？ 二、檢視目標是否「具體、有感、可視」。
2	我不知道自己想經營什麼樣的個人品牌。	
3	我不知道自己想要透過個人品牌達到的目標。	

Chapter 2

二部曲：洞察市場

01 掐準定位，聚焦深耕

不要追逐別人的腳步，做你自己，做自己的事，努力工作。合適的人，那些真正屬於你生活圈的人，會自己靠過來並且留下。

——美國知名演員　威爾・史密斯（Will Smith）

我們透過首部曲認識了自己的過去，掌握了自己的現況，同時也設定了自己的未來目標，接著要做這件事，也是經營個人品牌最關鍵重要的一步：「掐準定位」。

很多個人品牌的後續步驟，包含：社群帳號的命名、播客（Podcast）或 YouTube 頻道的節目名稱和主題，甚至規劃要提出的產品服務方案等等，只要個人品牌定位做得好，通常都可以輕易完成設定。這就跟前述所提的地圖比喻一樣，很多時候當我們不知道該往何處前進，是因為不知道自己現在的所在位置；一旦定位清楚自己目前的所在位置，就能知道接下來的路徑如何規劃，這也是為什麼當我們使用Google地圖時，其原始設定都先會標示出自己的「目前位置」，讓我們知道該怎麼往下一步走。

首部曲的每一個章節，都是為了掐準定位所做的前置作業，因為唯有能真正且正確的認識自己，才有辦法聚焦定位。當然，有了初步定位，透過二部曲當中的目標受眾釐清、市場區隔細分賽道、和市場競爭分析，還是隨時需要來回滾動調整，才能夠確保自己的定位，可以投受眾所好，並且具備足夠的市場性，才能在這個市場擁有獨特價值，甚至做到「不是更好，而是唯一」。

在個人品牌的定位上，有一個必須先跟大家釐清的觀念，那就是所謂的定位，並非等同於工作專業和職業別。舉例來說，「律師」、「財務顧問」、「保險顧問」、「減重醫師」是專業別，但這些並非是個人品牌定位。

原因在於：一來，用工作專業和職業別做定位，很容易分不出你跟其他同領域專業人士之間的差異性，除非這個專業別夠獨特；二來，個人品牌是把人當做品牌經營，除了專業別（如同產品品牌中的「品類」別和產業別），更重要的還有「品牌的風格調性」（個性特質），以及個人本身因過去經驗軌跡所形塑的不同標籤。畢竟每個人走過的路和看過的風景都不相同，完整的全方位定位才能讓個人品牌更豐富並富有層次。

再者，單純的專業別提供的是「功能價值」，讓人一目了然你所能提供的解決方案，但缺乏「情緒價值」，較難產生連結與共鳴，創造更深度的情感勾動。最後，每一個專業，因為從事專業的人之技法、經驗和觀點不同，所提供的價值和解決方案也有所差異，名詞的定義未必精準，受眾看到這個名詞的解讀也未必正確。因此，請避免使用工作專業和職業別直接當作個人品牌定位。

個人品牌的「4D全方位定位」，如圖11，其中的四大區塊分類，透過〈首部曲：認識自己〉的各個練習，讀者應該也都有了答案：

首部曲〈01 所有過去必有利於我〉的「思考動動腦」單元裡，練習表格當中最後留下了做完感受良好、且願意持續做的過去經驗；同時，盡可能找出符合興趣和能夠變

Light 11 個人品牌的4D全方位定位

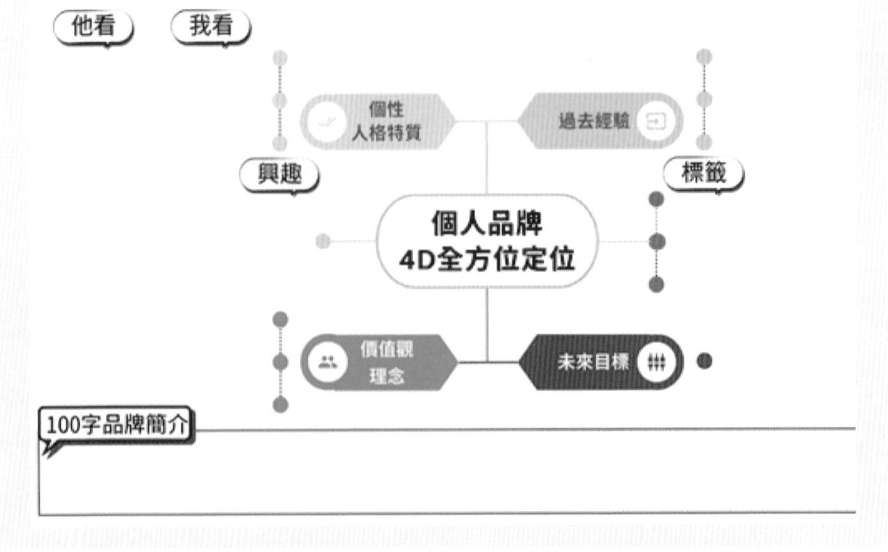

現的項目，因為符合興趣才能做得長久，能夠變現也才能讓自己更無後顧之憂的持續下去。現在，針對留存下來且梳理完跟標籤最有關聯的部分做優先排序，將前三名填在圖 11 右上角的「過去經驗連結」這個欄位裡。

接著，用首部曲〈02 用別人的眼光看自己〉的「思考動動腦」單元，將朋友口中最常出現的形容詞，放在「他看」的欄位裡，而自己也認同的放在「我看」的欄位中，同時思考跟接下來想成為的個人品牌有所關聯的，整理在左上角的「個性與人格特質」欄位中。

然後，透過首部曲的〈03 用未來的眼光看自己〉、〈04 以終為始才會有方向〉的練習，寫下自己為什麼想經營個人品牌和想要達成的目標；同樣列下最重要的三項，寫在右下角。

最後，寫下自己經營個人品牌最重要的價值觀理念，像是寫下「絕對要遵循的」、必須在各個跟受眾接觸點環節維持「一致性」的，寫在左下角。切記！未來你所做每一個選擇，都必須符合這些一致的價值觀，這樣才能持續累積信任，使認同的人追隨。

這不是最終答案，它只是一個初版，所以不用擔心。這個版本完全是以自己為導向，我們得先釐清聚焦自己，才有辦法繼續往前。在接下來的幾個章節，我們會透過定義目標受眾、定義適合耕耘的市場區隔和賽道，以及跟主要目標競爭對手做比較，找出自己的獨特價值，再回過頭來優化圖 11；經過反覆地滾動調整，才會是真正要開始落實的個人品牌定位。未來經過時間和階段的改變，仍有可能在個人品牌的定位上有所調整，不是不能更動，但也不宜過於頻繁的改變，因為經營個人品牌需要時間堆疊累積。

經營品牌其實不難，先定位定錨，然後透過「找對人、說對話、做對事」，不斷的反覆滾動修正。當開始實際操作時，也才有跡可循。只要記得做每件事情都得記錄軌跡，持續觀察、調整，讓成功得以被複製，失敗不要重演就好。

？迷思小教室

一、我不想經營個人品牌要包裝人設！我常常看到身邊的人經營自媒體都假假的，他根本不是那樣。

二、經營個人品牌是不是都要行銷包裝？我覺得那不是我！不能真實一點嗎？

我常常在講課或顧問輔導時，聽到學員和客戶這樣說。面對這樣的問題，我通常會用洋芋片來做形容比喻。

當我們走進超市，看到包裝精美的洋芋片，而且陳列上的行銷文案也讓人覺得食指大動，放在超市中又感覺不是來路不明的牌子，於是我們就開開心心的將洋芋片購買回家；沒想到回家後一打開包裝，發現整包都是空氣，裡面只有少少幾片內容，是不是讓人感到失望？接著，拿起洋芋片一口咬下，當時超市的陳列讓人期待這一口咬下體會到的是薄脆可口、齒頰留香，結果這一口非但不脆，吃到的還都是化學香料味，這是不是很令人感到生氣？

消費者體驗過後，產生負面感受，但因為產品已開封了沒辦法退貨，於是打電話給品牌商客訴，甚至一氣之下還到網路上或自己的自媒體留下負面評論；更糟的是，如果這名消費者還是個美食部落客或知名KOL，具備一定影響力，品牌的負面價值就這麼傳遞出去了。

從這個例子我們確認，儘管行銷包裝十分重要，但絕對不能廣告不實。廣告通常會美化產品，但不能昧著良心睜眼說瞎話。法律是最低限度的道德標準，經營個人品牌，

Light 12 迷思：個人品牌和人設包裝

	問題 Q	答案 A
1	我不想經營個人品牌要包裝人設！我常常看到身邊的人經營自媒體都假假的，他根本不是那樣。	一、洋芋片比喻 從這個例子我們確認，儘管行銷包裝十分重要，但絕對不能廣告不實。 二、「真實和正確的了解自己」＋「4D 全方位定位」= 經營個人品牌＋勇敢真實做自己
2	經營個人品牌是不是都要行銷包裝？我覺得那不是我！不能真實一點嗎？	

道德感是必須具備的，更不用提我們打造個人品牌是希望擁有更大的影響力，因此更需要正直正派，才能夠帶動正向循環，帶來更多正向美好的可能。也就是說，就像手機拍照可以用美顏APP開濾鏡修飾一下，但不能修圖將照片修到判若兩人，否則等到彼此真的有機會見面時，小則讓人驚呼訝異，若對方帶著期待來與你會面，更有可能感覺遭受詐騙，而產生後續的負面效應。

透過真實和正確的了解自己，加上前述「4D全方位定位」的做法，打造個人品牌不會把自己包裝成另外一個人，而應該是整合了自己的過去、現在和未來，同時留下想要且需要呈現、與定位高度正相關的部分，真真實實的呈現在受眾面前。這也是我想透過此書傳遞給大家的方式：只要用對方法，人人都可以經營個人品牌，人人都需要把自己當品牌經營，不用假裝自己是另外一個人，也不用過度包裝，可以勇敢真實的做自己。

案例分享

謝謝雅丰醫美集團總經理的信任，將**雅丰醫美的明星減重醫師——鄭以勤醫師**的個人品牌交給我來打理。一個知名醫美集團，卻願意把每一位醫師當成夥伴，視每一位員工為人才和內部創業家來進行培養，這一點讓我非常驚艷。鄭醫師更是醫療專業度高，除了是很厲害的肝膽腸胃科醫師，同時也是臺安醫院減重中心主任，更多次受邀到健康相關的媒體節目擔任客座醫師，講解腸胃健康，也常常接受媒體專訪。這次想要從自媒體出發，是因為想要讓自己的形象更為鮮明，同時可以聚焦定位在「減重」上，傳遞鄭醫師在減重諮詢與醫療專業上的獨特價值。

醫師個人品牌因為本身專業度極高，最需要關注的是定位要聚焦，賽道要細分，而且要能與其他醫療單位有所差異性。因為如果單純以專業或職業別說到「醫師」和「減重」，一般人很難看出差異性。

梳理鄭醫師的個人定位時，我發現鄭醫師因為是肝膽腸胃科醫師，所以在做內視鏡縫胃手術前，可以因為這個專業科別，判斷個案是否適合進行這樣的手術，以避免後續的後遺症；更因為肝膽腸胃科的專業，在使用減肥藥時也能依據個案身體的狀況，給予不造成患者身體負擔的用藥。

也就是說，因為這個專業背景，鄭醫師能夠提供個案更全方位且較為安全無負擔的減重方案，不只是最基本的飲食控制和生活管理，也同時還有用藥、內視鏡手術等選項。這就是一個非常加分的差異化，因為市場上幾乎沒有這種專業科別的醫師，一般減重業者未必能做到符合受眾需求，按照體質、減重目標和符合患者時間期待的「全方位客製化減重方案」。

加上鄭醫師的理念是，要能讓個案持續減重，就得要「快樂減重」。因為唯有這個過程不痛苦，患者也才能持續堅持下去，更可以避免復胖的溜溜球效應。我非常認同這樣的理念，因為如果可以快樂的瘦下來，誰想要瘦得那麼痛苦？但正因為減肥的過程通常很挑戰人性，所以也才會容易功虧一簣。

當減重可以變得療癒而不痛苦，還能夠不復胖時，實在是太完美啦！這一切在鄭醫師的專業和巧手下就像魔法一樣，讓不可能變可能。

於是我們聚焦以一句話來為鄭醫師的個人品牌定位：療癒系減重魔法師——鄭以勤醫師。再加上簡短的品牌描述：「全面評估減重目標和身體指數，提供專屬完整減重方案。用溫柔陪伴，細心客製，減重快樂無負擔，輕鬆維持不復胖。設計專屬於你的減重魔法，在影響生活最小的狀態下完成減重。」

當然，接下來，鄭醫師會持續分享幫助大家建立正確減重觀念的好文，也會在社群平台的粉絲專頁上，說明各種臨床案例，提供大家參考，讓大家知道如何快樂減重無負擔，輕鬆維持不復胖。

02

市場區隔，細分賽道

真正決定你人生質量的，是你的選擇。

——新東方集團創始人　中國民辦教育家　俞敏洪

「市場區隔，細分賽道」在個人品牌的打造上，或許不是最難的一步，但常常是我在從事個人品牌顧問輔導的過程中，感受到輔導對象很容易產生抗拒糾結的一個步驟。因為細分賽道做出市場區隔，就像在切蛋糕一樣，一刀切下去，目標客群就變小了，讓人感覺能賺到的錢變少了；尤其在個人品牌接案還不穩定的時期，自然會產生不安全感和憂慮：這一刀切下去，會不會沒切好，連個蛋糕屑都沒得吃？這麼想難免會使自己非常難以下手，左右為難。

但現實是——其實我們都吃不了一整個蛋糕。所以下面有兩種做法，第一種是「先做再說」。

這適合給真的太缺乏安全感，一想到要細分賽道，對切下那一刀會糾結很久，彷彿要了他的命似的人，那就先吃再說！反正吃著吃著也許會發現我們根本不喜歡醃漬櫻桃，或是牙口不好，咬不下香脆的堅果，當然也有可能發現自己可能真的吃不下那麼大的蛋糕；這時再回過頭來思考如何進行市場區隔，慎選自己喜歡而且擅長的。此時，經過了一番歷練，我們也會明白，細分賽道不會讓人餓肚子，而是讓我們聚焦，將時間心力凝聚在更有效益的事情上。

質量要好，不僅只是要追求量，更重要的是要求質，所以更得做好選擇與取捨。

第二種作法給已經準備好要切蛋糕的人，一起來做選擇。進行市場區隔時有三個重要步驟，分別是：**細、分、聚焦**。

步驟一：細心整理客戶資料，進行數據分析

我在輔導企業品牌和個人品牌客戶的過程中常常發現，人們很少看「數據」。這一點不難理解，因為事業體在運營的過程中，大事也許不多，但小事真的多如牛毛，常使人被各種數字指標和工作人事追著跑，每天像個陀螺般打轉。尤其當個人品牌因為是一人公司，身兼領導人、業務開發、行政業務和行銷等各種身分角色，再加上很多時候這個個人還有本業需

要兼顧，時間真的都是擠出來的。所以雖然被「數字」追著跑，但卻根本沒有足夠的時間分析「數據」。

針對這一點，我會建議大家，一個月挪出一天的時間，不排任何業務執行的行程，留給自己沉澱思考。以我自己為例，我習慣保留每月的最後一個禮拜五做這件事。

這一天，建議有商業模式和事業運營的個人品牌工作者，拿出自己的行事曆和收支表、財務報表和行銷預算表；如果目前還僅只有內容與創作產出的個人品牌，便整理自己這個月主要經營的社群平台後台數據，進行分析。

數字，是單一的；數據，是綜合的。數字，是看到的表象；數據，是挖掘後的洞見。數字是表，但數據是裡，只有數據才能帶給你方向，判斷決策邏輯。

步驟二：分類產品與對應客戶情境脈絡

我知道自己是一個偏向直覺思考的人，因而刻意極力避免自己只靠「感覺」做事，一方面是因為感覺常常並不可靠，二方面則是透過數據分析，確實可以看到很多端倪，也能避免自己因為數字未達目標而過度焦慮。因為，有些情況只是時候未到，但自己已走在正確的路上。分析自己應聚焦的市場賽道時，更是絕對不能只憑感覺行事。

表13是我自己常常整理運用的表格，用來觀看自己所提供的產品服務是否如期順利發展：

哪些是金牛商品（業績成長不大但業績獲利佳），哪些是明星商品（業績成長大但業績和獲利絕對數值目前有待加強），甚至可以思考到是否自己花費了太多時間在並不精準的客群上；哪些服務方案的CP值高，應多加著墨；哪些應優化提高獲利。

最後也要知道哪些是老狗商品（花了時間但一直沒有辦法帶來獲利者），這相對就是一種損失，尤其對個人品牌而言，最重要的資產其實就是時間資源。

Light 13 —— 分類你的產品與對應客戶情境脈絡

	產品類型	業績 $	件數	獲利 $	花的時間（包含業務開發）	客戶輪廓	客戶什麼情境下找你
1	個人品牌健診	10萬	18件	8萬	25小時	有經營自媒體者	經營個人品牌一段時間，但卡關覺得茫然。
2							
3							
4							
5							

Light 14 BCG 矩陣圖

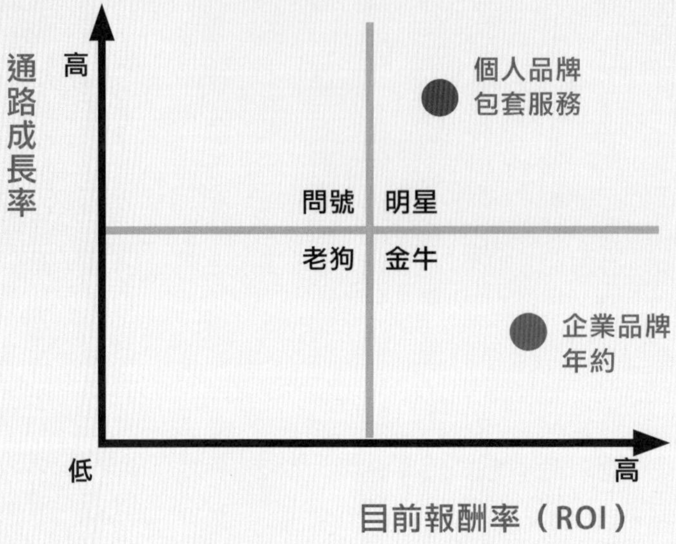

步驟三：聚焦金牛市場、扶植明星可能

接著，根據圖14擬定策略。如果每個月都有仔細分析自己的時間產能花在哪些事項上，以及營收獲利來源又來自何處，我相信你一定能感覺出哪些產品服務是金牛商品和明星商品，請藉由上述兩點來熟知自己每個產品服務的現有價值和自己的策略方向，這也才代表你有善用「數據」做為策略判斷的依據。

接著，我們要運用80／20法則，將80%甚至90%的時間聚焦在穩定金牛商品，和扶植你的明星商品成長為下一個金牛商品上。明星商品因為還需要扶植成長，也許暫時的獲利並不會太好；所以金牛商品得持續維持，穩住腳步，因為這應該是業績獲利來源占比最大、也相較穩定的產品服務。

以我來說，我個人品牌的金牛商品是「企業品牌年約」，因為每一個客戶對我一路以來的信任，願意讓我支持協助企業品牌破關打怪，壯大發展；同時，因為穩定的金牛商品，也讓我可以有餘裕去扶植明星商品，也就是「個人品牌包套服務」。因為我相信，未來一人公司和微型創業會越來越多，在資金時間有限的狀況下，個人品牌會是所有想發展自己事業、甚至微型創業的路上最有利的行銷工具，而一旦透過個人品牌賦能商業品牌壯大，我也可以再運用企業品牌年約的顧問方案，幫助更多台灣中小企業壯大發展，甚至有機會讓品牌被世界看見、讓台灣被世界看見。

03 愛受眾也是愛自己

真愛是兩個人都覺得他們是賺到的一方。

——英國當代暢銷書作者、勵志演說家 賽門．西奈克（Simon Sinek）

「只要想打造個人品牌的人都是我的受眾」、「只要需要法律訴訟的人都是我的受眾」、「只要想瘦身減肥的都是我的受眾」……。同前述章節，在定義目標客群的市場區隔時，我們常會覺得市場能涵蓋的越廣泛越好，所以往往也會覺得能接觸的目標客群與追隨者越多，感覺能賺到更多獲利。

這一點對商業品牌來說，不盡然正確，尤其就個人品牌而論，是個非常危險的想法。因為個人品牌工作者的時間資源極其有限，加上「如果你試圖與每個人產生共鳴，結果將是沒有人會跟你產生共鳴」。個人品牌經營者得隨時提醒自己——我們無法服務好所有人，因為當服務的範圍越廣，服務就越難精深，目標客群越分散，也就越難描述清楚自己所提供的解決方案。其中最重要也最為關鍵的是——「找到精準目標受眾」，並且針對受眾的困擾痛點，找出被忽視、未被滿足的需求缺口，並對此提供「理想解決方案」。

以下我將個人品牌經營階段分成兩個類型，來針對定義目標受眾的方法進行說明。

一、已有基本產品服務方案：

已經規劃好自己能提供的產品與服務方案，也開始執業一段時間，已有基本客戶。目前想透過個人品牌做為行銷工具，讓更多人認識自己，也就是希望透過個人品牌成為被動開發業務的渠道之一。

二、正要起步的個人品牌事業：

創業初始，剛開始經營個人品牌，基本產品與服務方案都尚未明確；或是，在本業之外正考慮經營個人品牌，讓其成為自己另一個事業和收入管道。

類型一：已經有基本產品服務方案

我們在前一個章節已經提到怎麼細分市場，找到業績占比最大或是獲利最好的市場，也列出了客戶會在什麼樣的情境脈絡下尋求服務。現在，只需要選定金牛商品和明星商品，把客戶的輪廓勾勒得更為清晰。

類型二：正要起步的個人品牌事業

不管是剛開始要經營個人品牌或是基本與產品服務方案尚未明確，不清楚誰會為了自己的內容與點子買單，都還是盡可能先假想一個吧！

假想什麼樣的人會需要我們提供的內容或服務解決方案；或者若一切都還不確定，連產品服務的最小可行性方案都還沒有時，先把「跟自己一樣的人」當作目標受眾吧！因為通常我們會想經營個人品牌或創業的起心動念，都是因為自己親身遇到了一個痛點，遍尋市場卻發現沒有人能完美解決我們的問題，於是自己決定成為這樣的存在。所以，那麼就把跟我們一樣的人視為目標受眾來明確受眾輪廓吧！

對於目標受眾，能想得越清楚完整、栩栩如生，宛如真人化身，是越好的。

Q1 他的性別為何？年齡落在哪個區間？

Q2 他的學歷和工作經驗？

Q3 他的家庭狀況如何？

Q4 他可能的人際關係有哪些？生活圈為何？

Q5 他的人格特質和個性？

Q6 他對什麼事情感興趣？

Q7 他在休閒時會有什麼樣的嗜好？

Q8 他的理想人生目標大概如何？他有什麼樣的夢想、希望、事業想望？

Q9 他想要過的完美一天是什麼樣子的呢？

Q10 他會出現在線上線下的哪些地方？做什麼樣的行為？

描述得越詳盡越好，我們得把他當成一個真實的人，甚至取一個名字也不賴，因為真正願意為了我們所提供的內容和產品服務買單的人，就是如此明確具體的真人。如果我們能夠描繪出他們的生活路徑，進而設想到他可能有尚未被滿足的需求，那個缺口正是我們能滿足之價值所在，所以能盡可能明確越好。

再來，我們也要很清楚知道這一切都是「假設」，任何假設都需要反覆驗證；在腦袋中描繪的永遠都是空想，唯有真實會出現在現實世界裡。我們得透過不斷產生內容、將最小可行性商品服務在市場上反覆驗證、持續服務客戶，不斷滾動式調整，不斷優化，最終目標受眾的輪廓才會越來越明確。

這也是我為什麼會想寫下這本書的主要原因，因為希望用書本的型態來陪伴支持每一位對個人品牌經營有興趣的讀者，每半年到一年，都能有一本實用的秘笈能拿在手上反覆盤點自己的狀態、持續調整優化，最終能協助大家找到屬於自己的明確路徑，通往個人品牌的偉大航道。

最後，專注堅持是十分重要的。專注並堅持在自己的賽道上，其他則可運用策略合作與夥伴組建聯盟聯手並進。我常常在輔導個人品牌客戶的同時，發現不少人一發現機會點，就會想憑一己之力把受眾的所有需求全部都包下來，提供一條龍式的服務。除了想要賺取更多收入，也希望好不容易找到的這個客戶的整段個人消費體驗旅程都能夠由自己親自全程服務。不過，想像是美好而豐滿的，現實卻往往很骨感。

因為你我個人的時間、體力有限，想要專精於任何一個領域都需要學習，學習也需要時間，當我們所提供的服務廣時，有時候就容易顯得不夠精，不精就有可能失去好不容易長期累積而來的客戶信任感與專業可靠度，最終反而得不償失。

切記！這是一個團隊合作的時代，一個人也許走得快，但一群人絕對走得更遠。找到我們信得過的策略聯盟合作夥伴，訂立一個彼此共好雙贏的合作機制，也是一個解決方案。

正因為「真愛是兩個人都覺得他們是賺到的一方」，當我們的目標受眾覺得從我們身上取得了他想要的價值，不管是情感面的覺得「有你真好、你真懂我」；或是功能面的「有你真好、你真幫我」。最終，我們也從自己的目標受眾身上得到了成就感、得到了想要的事業目標、得到了金錢。這就會是一場雙向奔赴的真愛，一段永垂不朽的佳話。

案例分享

Min Ya 謝欣穎醫師，是一位非常專業的家醫科醫師，由於自身的醫師身分，在成為媽媽的過程中親自體會了一場身心挑戰，從備孕的過程裡身心承受了巨大的壓力，了解到女性懷孕生產的不容易，因而走上心靈學習之路。期許運用靈性療癒、自然醫學與順勢醫學的專業，支持更多女性在自己、備孕、懷孕到成為媽媽和育兒的過程，都能找到身心靈的平衡，幫助每一個家庭和女性都幸福美好。目前開了一家透過身心靈療法協助女性在備孕、懷孕的過程都能過得更好的**「蘊容診所」**。

在我輔導她建立個人品牌的過程中，發現她的靈性備孕方案倍受媽媽們喜愛，而且在課程的過程中除了不斷收到正向的回饋，也確實能幫助媽媽們找到真實的自己、認可自己。另外，透過自然醫學協助調整體質的部分也深受許多用戶的喜愛。照理說來，往後診所的服務進展應該能夠蒸蒸日上，沒想到卻遇上了瓶頸。

從我輔導的過程中才發現，謝醫師的個人品牌目標受眾的部分可以再更聚焦，也調整讓其自媒體和網站上的定位都更加明確，提供精準的問題解決方案和專業服務給目標受眾。

我們梳理之後發現：目標受眾的外在狀態主要是三十~四十歲的女性，相信靈性療癒的人，雙薪夫妻而且夫妻工作通常都非常忙碌，家計年收入約在二百~三百萬之間。他們的內在心理狀態是：身為現代父母，備孕很艱辛、能生育的年紀變晚，經濟雖有基礎，也敢生，但工作實在很累，做了一些不孕治療為備孕作準備，但身心備受煎熬。

同時，這些受眾會希望在這個備孕的過程中工作和生活壓力不要太大，能夠從身邊的朋友和家人身上得到支持，以良好的身心狀態準備迎接孩子的降臨。

透過詳細的討論並具體列出目標客戶的樣貌，受眾的輪廓能越明確越好，使受眾的人設栩栩如生，接著再針對他們的需求產生服務內容並規劃產品服務方案，這時，不論是方案規格、定價、渠道，甚至文案上，都會變得十分清晰並且容易擬定。

思考動動腦

試著按照這個章節所言，列出你腦海中想像的目標受眾輪廓，並運用圖15一一填上。如果一時還無法填寫的，可以先空下來。

在經營個人品牌的過程中有意識的去觀察自己的用戶和受眾，試著找到答案；透過每一次產生服務內容或在服務客戶的同時，將你的產品服務販售給客戶，這些答案便會逐漸浮現，而且越來越具體清晰。

Light 15 個人品牌的主要目標受眾

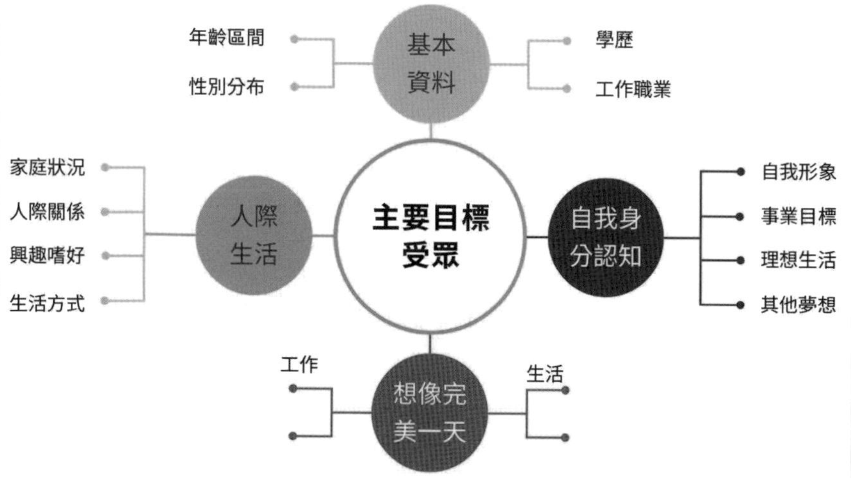

04 你的對手也是好幫手

與我們決鬥的對手強健了我們的筋骨，磨鍊了我們的技巧，我們的對手就是我們的幫手。

——近代英國政治家　埃德蒙・伯克（Edmund Burke）

在自由市場上，有競爭對手是件好事。因為我們大多數人都不是馬雲或張忠謀，不是馬斯克或貝佐斯，通常很難找到一個市場真是還沒人發現的沃土，只要認真耕耘就一定能收穫豐富的礦產；比較常見的是，越是人煙罕至的空曠地方也代表了那個地方可能沒有商機。（當然也有可能是尚未被人發現寶藏的秘境，那麼恭喜你！）

擁有競爭對手，代表這個地方絕對有礦藏，只是台灣市場較小，也容易成為競爭激烈的紅海。如何找出紅海縫隙裡的藍海，最好的方法就是透過觀察競爭對手、解析競爭對手去找到縫隙。甚至可以藉由這樣的過程，不斷優化提升自己，鍛鍊自己的心智，讓我們的對手成為我們最好的幫手、也是最好的練武工具。

而要能做到這點，我們就得用對方法，可以使用傳統在商業市場競爭分析的常用工具——「SWOT分析」[10]，只要針對個人品牌的需求邏輯變形，就是一個很好的工具。

S——Strength 找出優勢

首先觀察在這個領域的市場中，大多數人都擁有的條件，也就是「基本必備款」。這代表了市場上的受眾已普遍接受的基本價值。舉例來說，對台灣的消費者來說，市面上的衛生紙能夠柔韌、不含螢光劑是基本需求，品牌主不可能推出一個柔軟但不強韌、紙質一下就破的衛生紙；另外好比在台灣的鮮乳市場，牛奶品牌的產品基本條件就是要濃、純、香。

清楚定義出這個領域服務的基本條件後，接著就是要「找出優勢」。觀察在這個領域市場中，有沒有什麼服務是對手做得沒那麼好，但恰巧是我們的強項；甚至有什麼我們獨有但

10 SWOT為優勢（Strengths）、弱點（Weaknesses）、機會（Opportunities），以及威脅（Threats）四個字的縮寫，SWOT分析法又稱為優劣分析法或道斯矩陣，是一種企業競爭態勢分析方法。

對手沒有，而受眾又會感到在意的服務優勢，只是因為市面上都還沒有人提供這樣的服務，所以消費者勉強將就而已。

以我自己為例，在我創業當時，除了打算服務企業品牌客戶，更特別規劃了「個人品牌顧問」服務。因為從過去六年多的經歷中，我所有的商業行為和銷售導單都來自於我經營的自媒體和客戶的口碑轉介紹。

觀察台灣市場個人品牌領域大多數的服務提供者，多半都將自己的服務著眼在「自媒體經營」這個區塊上；再者，很少人跟我一樣有在外商運營商業品牌的相關經驗。當時的我這麼想：「如果可以把外商運營國際商業品牌的邏輯，調整成適合個人品牌運用的框架，並且發揮我自己溫暖支持的女性特質和教練引導技巧，應該可以在這個市場中創造出差異化優勢。」

這條產品線開始經營半年之後，執案成效確實不錯，每個月的服務案量滿額，客戶從一開始的單次諮詢，詢問一些個人品牌經營上的迷思盲點，也就是我在這本書裡「迷思小教室」單元跟大家分享的問題案例，逐漸轉變成「老師，你這個月還有空檔能預約諮詢嗎？」接著立馬轉帳卡位預約諮詢時段。

在發現自己獨特的優勢之後，還得想辦法「讓人家懂」，而且最好是「秒懂」我們的美！而且持續說、一直說、換個方式說、大聲說到受眾理解並且還能記住，這才會真正成為我們的獨特優勢。

W——Weakness 縮小劣勢

要發現到自己的劣勢並不容易，因為通常人都有盲點，更何況面對自己的弱點與不足也不是件舒服的事，所以我們常得借助他人的客觀意見（見首部曲02）。或者你如果願意，可以聘請一個經營顧問，以教練的角色提醒你，幫你點出盲點，讓自己少走點冤枉路。

這裡的「劣勢」指的是「足以影響業務表現的個人品牌內部弱點」，或者也可以說是「需要加強的部分」。個人品牌是一條必須持續修練耕耘的道路，經營者常常需要隨時改善自己的不足，還好我們永遠能夠透過自我鍛鍊和持續閱讀學習來進行補強。但是，想這麼做需要時間，我們不可能什麼都準備好才開始做事：「我們不需要很厲害才開始，而是先開始才能變得厲害。」這句話得牢牢記住。

同時，當發現自己的不足之後，我們可以細想：「這一點真的是弱項嗎？有沒有可能將此事正面表述以後，換個受眾對象，反而成為一項優勢？」

舉例來說，我有一個個人品牌客戶是一位美業工作者，她的美業相關證照齊全、美感很好，所以幾年執業下來培養了一批十分忠誠的鐵粉客戶。她當時會找上我諮詢個人品牌，是因為她懂得以長期思維來思考自身職涯發展，從未來看現在，希望能建立起自己的品牌專業信任感，以確保未來如果原有的鐵粉年紀大了不見得會持續需要她的服務，她也能培養出一批新粉絲承接需求。

這位美業工作者是一個時間很少且極度內向的媽媽，她把時間都花在自我進修各種美業相關的服務上；但在服務過程中她也不太愛跟人聊天，她始終覺得這是自己的劣勢，因為很多客人在接受美容服務時都喜歡跟美業從業人員聊天紓壓。

經過諮詢了解她的狀況後，我把她定位為「以專業美學支持你的美顏設計師，只聆聽不推銷，只支持不打擾」。從此，服務不聊天轉變成「支持不打擾」，變成「聆聽不推銷」，反而成為她的優點，將她的服務再往上推了一個層級。像我這種去按摩美髮美甲的過程中喜歡放空，也需要安靜的客人，反而特別喜歡她這樣的專業服務。所以究竟自己所擁有的是弱項還是優勢，有時候是取決於角度、觀點立場，也要看定位和市場區隔，端看目標受眾的選擇。

另外，有時候可以透過與他人策略聯盟合作的方式，來補足自己的弱項。這一點在職場的業務工作者身上非常適用。舉個例子，我曾經前往一個保險單位擔任諮詢顧問，其中有位保險業務員自稱對數字沒那麼擅長，但她的個性溫暖熱心，不過該單位另一位同事對數字圖表極其專精，而個性冷靜內斂，我就建議他們倆人可以強強聯手，合作出擊，如此既有了理性的數字敏銳度，又能兼具服務保戶的溫暖熱情；甚至在自媒體的經營上也可以彼此合作組隊，一起養粉也兼換粉。

O——Opportunity 洞察機會

所謂的洞察機會，主要分成兩個面向：「新興技術」和「新趨勢商機」。

這幾年大數據和AI科技的發展絕對是新興技術的首選；而AI科技就像是一個加速器，雖然各領域原有的專業仍不可少，但透過AI能帶來的速度提升和效率效益的放大，可以打開不少原有的侷限。速度是一個個人品牌邁步向前、甚至成功的重要關鍵。因為個人品牌經營最大的限制是時間產能，若能善用AI科技，可以帶來更多可能。

想獲取新趨勢、新商機，除了多留意世界趨勢，多涉獵新聞新知，別無他法。「唯有觀世界，才有世界觀」是其中一點。另外，多看看這個世界，思考已發展國家曾經經歷的，將會是開發中國家即將經歷的。因為未來一直都在，只是從歷史上看來，資源始終分配不均。

軟銀社長孫正義就是一個例子。他在二〇〇〇年以二千萬美元投資了中國的阿里巴巴（Alibaba），當時的阿里巴巴還只是一家企業對企業（B2B，business-to-business）的電子商務平台，靠的是創辦人之一的馬雲所抱持的願景和使命信念。當時阿里巴巴公司剛成立不久，孫正義從在美國看到互聯網已經發生，再看看中國的網路市場才剛要起步，因此評估阿里巴巴的潛力無窮，決定出資投資阿里巴巴。在後來的十四年內，這筆投資獲利高達三千倍，成長到六百億美元，成為了軟銀最為成功的投資之一。

其他包括大家最為熟知的安謀控股公司（ARM Holdings plc）的三百二十億美元投資、Uber 等等，大抵靠的也都不乏「時光機理論」觀點，借鏡已發展國家的經驗看待開發中國家，以未來的眼光看現在。所以，多開拓自己的視野，出去走走吧！世界在我們的腳下！

發展個人品牌從來都不是閉門造車，而是改變自己世界的一個方法。

T ── Threats 發現威脅

想要發現威脅，這件事跟洞察機會有個相似之處，就是得保有洞察力和世界觀，相形之下並不是件容易的事，這尤其挑戰個人的商業創業思維。也因此為什麼我這幾年成立「不只是媽媽」讀書會時，推薦選讀的都是商管書。儘管心理勵志的雞湯文書籍有很多人閱讀，它們當然也十分重要，也值得我們閱讀；但有了勇氣和力量後，我們還是得擁有工具和方法才能繼續向前，甚至得懂得設定目標，以終為始，而這些都需要商業管理思維。

商業管理思維的養成常常需要引路人，也因為書籍通常較為艱澀難讀，我有心想成為那個引路人，為眾人拆解引讀，使其中的道理成為大多數人易於吸收好懂的觀念，並套用實作學習單來加深將理論落實在工作生活中。儘管每一場讀書會都是義工性質居多，但我想藉此引領更多人打破舊有認知、建立新思維，讓更多人能在個人品牌發展的道路上，走得更加順暢平坦。

但若想靠自己發現威脅，我們還是得認真持續觀察自己所耕耘的市場領域。除了去觀察學習自己的榜樣對象（Role Model）之外，也得觀察自己的後進者與後輩，不只提攜新人也是種教學相長，創造更多善的循環。我這一路上就得到了很多貴人前輩的提攜指導，他們同時也是我努力的標竿與榜樣，更是支持我持續成長努力的目標。

再者，跟洞察機會一樣，我們得隨時不忘往外看看這個世界正在發生的事情，用未來的眼光看現在，所有看不見的對手才是真正的競爭對手。Sony 相機從來沒想過有天會被智慧型手機取代，紅極一時的黑莓機也沒有想到 Apple 的觸控式手機能徹底翻轉智慧型手機市場……由此可見，有時我們看不見的其實才是我們真正的競爭對手。

思考動動腦

【步驟一】

找到跟你服務相似、階段也相似、或是粉專追蹤數差不多的對象；如果你是職場工作者，則可以寫下自己的同事。

用這一章節的概念重點，完成以下這張圖16。

【步驟二】

現在，我們透過這一章的四個小節，重新回看圖11（108頁），有沒有需要修改的地方，或者有沒有哪裡可以更聚焦的、更優化？用這一章的所有重點動動腦，反覆思考、滾動式調整，完成自己個人品牌的4D全方位定位吧！

Light 16 —— **針對主要目標對手做市場競爭分析**

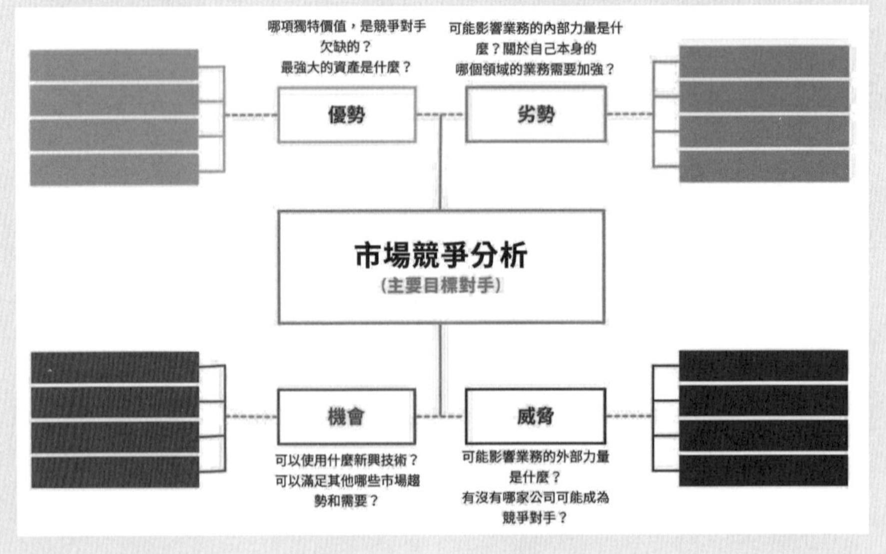

哪項獨特價值，是競爭對手欠缺的？
最強大的資產是什麼？
可能影響業務的內部力量是什麼？關於自己本身的哪個領域的業務需要加強？
優勢
劣勢
市場競爭分析
（主要目標對手）
機會
威脅
可以使用什麼新興技術？
可以滿足其他哪些市場趨勢和需要？
可能影響業務的外部力量是什麼？
有沒有哪家公司可能成為競爭對手？

Chapter 3

三部曲：創造價值

01 找到受眾難以言喻的痛點

問題不是止步的信號，而是前進的路標。

——加州水晶大教堂　創始人　羅伯特・舒樂牧師（Robert H. Schuller）

銷售產品服務的人總是想將產品服務賣給全天下的所有人，但事實上，品牌只能為特定的人群服務。因為，品牌是提供給消費者受眾「自我身分認知」和「自我認同的高光感」，一旦妄想為所有人服務，就相當於沒有辦法服務任何人。

出於這樣的概念觀點，問題的重點在於消費者自身的身分認知與認同。想要找到對的市場販售你的商品服務，使用戶透過使用你的產品服務成為誰？個人品牌經營者所提供的產品服務，是一種能讓用戶成為他想成為的人，並且得到自我價值的滿足感，讓用戶覺得人生變得美好、走路何其有風的問題解決方案。而且最重要的是，要解決他難以言喻的真正痛點，排除他心中的掙扎，讓他過上自己心目中理想的一天。

坦白說，這點並不容易！因為真正的痛點，用戶不一定會親口說出來，它往往是難以言喻、深藏不露的，我們只能猜，但也不見得能猜對，光看也不見得能看準，因為有些時候這個痛點可能連用戶自己本身都沒能發現，需要我們去抽絲剝繭的仔細思考洞察。

面對已有基本產品服務方案、經營個人品牌一段時間者

我們在前面的首部曲中曾說明個人品牌經營者應如何細分市場，並找到業績占比大宗或獲利最佳的市場，同時也列出了客戶會尋求我們提供個人品牌服務的情境脈絡；並且，也將主要目標受眾的輪廓勾勒得更加清晰。

接下來，我們可以更進一步的是，找到二十個符合你受眾樣貌的人，詢問他們下列問題：

一、**你是怎麼找到我並願意追蹤關注我所提供的內容，尋求我的協助？**

二、**在這個過程中你最喜歡的地方是什麼？你不喜歡的地方又是什麼？**

三、**你想透過我提供的內容與協助解決什麼樣的問題？**

四、在你目前的生活中，關於〇〇最大的掙扎是什麼？（〇〇是你所能提供的內容服務）

五、你已投入多少時間或資金成本去解決這個掙扎？（確保目標客群願意為了解決痛點付出代價）

六、你是否曾透過第三人協助，觀看其他人的社群平台內容？如果有，喜歡的地方是什麼？不喜歡的地方又是什麼？（如果受眾願意告知觀察的對象是誰，你還可以藉此再做一次競爭分析並持續關注學習對方）

✸ 面對個人品牌事業正要起步的初學者

同樣地，我們必須事先推估預想：假設什麼樣的人會需要我們所提供的內容與問題解決方案，以及他可能的痛點為何；如果答案都仍不確定，那就先把「跟自己一樣的人」當作目標受眾，思考截至目前為止，自己在生活中面對的最大痛點，問問自己上述的六個問題，這也是一個方法。

不少痛點其實是很隱諱的，而且有時連受眾自己都搞不清楚，人們對自己的了解總是充滿盲點。所以過去我在外商公司負責品牌運營時，常有人說消費者很難懂，或是很不合邏輯，但其實那只是我們不了解消費者的「情境脈絡」。

舉例來說，女生明明怕胖，平常飲食總會考慮：若吃甜點容易使身材走樣，但是一去星級餐廳用餐時卻勢必會選擇加點甜點作為那一餐的收尾，這點看來超不合理；但只要理解她們會這麼做的原因在於認為平常吃東西是「攝取營養與熱量以供身體所需」，但若是到星級餐廳用餐，那就變成「享受平常吃不到的精緻美食饗宴」，兩者大不相同。所以前者的甜點是熱量，後者的甜點是一場饗宴的完美收尾。

洞察受眾的痛點，儘管並不簡單，但若我們能創造出一個內容、打造出一項產品服務，使受眾感受到我們理解了他內心深處最單純的那個點、看透了他的生活、洞察了他的需求，能真實解決他的痛點，那麼他就有很大的機率會追隨我們，買單我們所提供的產品服務，甚至進而成為我們個人品牌的鐵粉，自動為你口碑推薦。

真正的個人品牌營銷高手，都在為受眾解決問題、緩解他心中的焦慮並創造價值。有時候，甚至能創造出品牌經營者自己原先都沒察覺到，這個市場都未必出現過的價值，此時更能讓受眾感覺值了，打造出一個「爆品」。

問題不是止步的信號，而是前進的路標。你找到自己前進的路標了嗎？

案例分享

我曾經輔導一位**保險從業人員**經營個人品牌。他的個人品牌定位是針對想準備退休規劃的族群，提供保險知識與建議。但經營兩年下來，自媒體的觸及率不升反降，於是來找我做諮詢。

因此我先引導他對他的受眾輪廓進行拆解，並且運用問卷調查了解目標受眾，協助他梳理歸納出想準備退休規劃的族群所在意的關鍵議題。

已經退休者和想要準備退休規劃的人，最大的痛點其實並不相同。甚至是不同的職業類別和薪資水準的對象，痛點也都不一樣，所以我們對於什麼人是我們的目標受眾一定要更明確聚焦。

於是，我透過一連串的設計提問與消費者洞察，找出他服務客戶的過程當中，什麼時候客戶會想要安排退休規劃？這個客戶的輪廓又是什麼樣子？藉由他的服務又有什麼樣的結果和回饋？進而一步步挖掘出客戶最深層的需求。

想要無憂的退休，是所有現代人的夢想，然而現代人孩子生得少，養兒防老早就不適用，人們通常都得提早準備好自己的養老方案。但在這個問題上，更深一層需求是什麼呢？是想能過上自己想要的生活。

當自己年紀大的時候能否更無憂無慮，甚至行動自由？還是其實不希望帶給子女負擔？我們後來發現，得解決的根本問題不是退休，退而不休才是重點。

想要能退而不休，過上自己想要的生活，必須得好好「理財」，是得重新「設計理想人生」，創造人生的「第二曲線」。

當我們針對這些議題做更深入的探討，並且發展出內容議題的設定，最終使這位保險從業人員的個人品牌之社群觸及人數翻倍，並且目前仍在持續增長中。

他很開心的告訴我，藉由這些關鍵步驟，定義受眾和明確受眾真實的痛點與需求，進而設計出使受眾感到實用且有感的內容議題，使他一次次創造出個人自媒體觸及數和互動數的新高峰。

沒有短影音的流量紅利，沒有網紅的時事議題操作，也能夠讓觸及翻倍，重點在於找到痛點，只要用對方法，你也可以辦得到。

思考動動腦

請找到二十個符合你受眾樣貌的人，問他以下的問題：

一、他們生活中完美的一天是什麼樣的？

二、他們現在生活中關於〇〇最大的掙扎是什麼？（〇〇是你能提供內容或服務）

三、他們正在尋找的解決方案是什麼？

四、他們是不是曾尋求類似協助？所得到的好印象是什麼？壞印象又是什麼？

Light 17 —— 詢問受眾：了解受眾痛點與需求

	問題 Q	答案 A
1	他們生活中完美的一天是什麼樣的？	
2	他們現在生活中關於〇〇最大的掙扎是什麼？（〇〇是你能提供內容或服務）	
3	他們正在尋找的解決方案是什麼？	
4	他們是不是曾尋求類似協助？所得到的好印象是什麼？壞印象又是什麼？	

02 真心幫助受眾解決問題

衡量一個人的價值，不在於他有多大價值，而在於他對他人有多大價值。在商業的世界裡，成年人的交情，往往用價值決定。你的價值，取決於能給外在世界提供什麼價值。

——《認知破局》 張琦

我很喜歡觀察這個世界，不管是人、事件、或是商業行為。我發現人類大抵分成兩種：一種是想方設法想賺更多錢，得到自己所想要的；另一種是想方設法讓身邊的人賺更多錢，得到他們想要的。有趣的是，儘管很多人都屬於前者，也能獲得不少短期利益，但真能獲得長期利益的，往往都是後者。

為什麼呢？因為當我們想要得到價值，先決條件是自己要有價值，而這完完全全取決於我們創造了多少價值。人脈不是結交來的，不是拍拍合照說我跟誰很好就算數的；人脈從來不是我們認識了多少人，而是我們幫助了多少人、付出價值而得來的。

利他永遠才能共贏，經營個人品牌更是如此，社群自媒體的追蹤數、互動數、轉分享數和變現力，都取決於我們所提供的價值有多高，創造價值、傳遞價值，可以得到追蹤、互動和轉分享，最後才能進展到價值交換、產生營利變現，甚至獲利。

在經營個人品牌的過程中，我很常在臉書分享關於品牌運營管理的知識文。有些朋友會看著我的文章學著自己怎麼操作自媒體，有些也不諱言讓我知道，也曾有人問我是否擔心因此影響自己的顧問收入，我總是笑著說，其實我一點都不在意。因為如果能透過我的分享幫助這些朋友找到方法，真正開啟個人品牌或事業運營之路，並能從此得到收穫、甚至達到目標，這是我樂見的事。

甚至有些人會拿著這些內容去做為自己講課的素材，或者在我的課程講座當中也不乏同業，在課後也曾在他們的社群平台上看到類似題材出現，也會有朋友告訴我，某某人其實是報名來偷學的，我常笑著說：「這哪裡算是偷呢？」他確實報名了，而且就算是免費，也是我開放這個資格讓大家一起來學習的呀！況且如果他拿去用，某方面也代表了是對我的一種肯定，因為人們不會採用有損自己專業名譽與信任感的內容，這除了是肯定我，若能因此讓更多人受惠，是一件再好不過的事。

更重要的是，關於我個人品牌經營的真正的精髓在我一步一腳印走過的路裡，十多年在外商公司紮紮實實的訓練，其實是很難「看」和「聽」出端倪的。況且我每年投資在自己身上持續進修的費用也不少，常常高達六位數字以上，維持自己持續精益求精，不斷前進持續進化，更不用害怕被抄襲複製。

相反的，也因為這些在社群媒體上的知識文和免費公益講座，我後續開辦的個人品牌顧問諮詢和課程報名常常都是滿額，還有人會直接私訊我洽詢包班授課。這都是因為——你提供了價值，讓人看到價值，自然會使自己也有價值。

在這個過程中，我認為很重要的關鍵是三個「真」：「真材實料的內容」、「真實的呈現」、「真誠的內心」。

真材實料的內容

經營個人品牌與商業品牌的思維相同，產品力是基本中的基本。個人品牌的產品力，就在於「個人」本身，本質在「真材實料的內容」，也就是個人領域足夠紮實的專業知識，這絕對是不可缺的必要條件。

如何累積真材實料的專業內容，堆疊足夠紮實的專業知識，持續有意識且有目標的學習，並且保持自信的謙遜心態，不以短期成績為傲，是很重要的。

除此之外，二〇二三年「me too」和個人品牌人設崩壞的事件頻傳，我相信未來這樣的例子可能也不會少，因為社群媒體讓人與人的距離縮短，也讓資訊的曝光和消息的傳播變得更為容易。

很多翻船的大神偶像名師名人，也都具備真材實料的專業內容和紮實的領域知識，但為什麼個人品牌仍會崩壞、甚至喪失了過去長期累積的受眾信任感？因為接下來的兩項正是重點中的重點。這年頭資訊爆炸，加上有ＡＩ人工智慧、ChatGPT，不缺知識和專業，缺的反而是人性的真實與真誠。

真實的呈現

如果連經營個人品牌，都還虛與委蛇，人設與本我不一致，那真的是難以長久。因為人們所欣賞的是真實的你，如果是因為虛偽的包裝才愛上你，最終也會因為發現真相而離開你。經營個人品牌不能炒短線，不是看短期，而是真切長期持續看漲的累積。是適當而不過度包裝，有所修飾但不過份修圖，那才有辦法長久持續的經營累積。

Light 18 ── 個人品牌價值解決方案表

	痛點	我可以提供的	價值價格	為什麼吸引人	相關內容議題	提供內容頻率	內容平台
1	想經營個人品牌被看見，不知道從何開始。	品牌思維經驗	從零開始打造。 半陪跑教練的顧問。 一小時 6000 元。	外商品牌運營的豐富經驗。 數據分析掌握能力。	這本書的集結大全都是（笑）	日更	FB 網站 出書
2							
3							
4							
5							

真誠的內心

個人品牌的終極目標往往是「影響力變現」，實現「商業變現」的確是最終指標。但金錢只是一種具體指標，並不是真正的目的；金錢是價值交換的媒介，並不是根本。

打動人心的是讓受眾產生共鳴的願景與價值觀，吸引人的是讓受眾有感且真材實料的觀點，留住人的是讓受眾體驗到真誠的用心，進而讓受眾願意與你互動，然後這些鐵粉才有可能轉換帶來銷售獲利，甚至進而裂變擴散。

接下來，讓我們完成表18，想想我們能對自己的個人品牌受眾提供什麼樣的價值吧！

思考動動腦

知道痛點後，你可以提供什麼樣的內容或產品服務幫助他們解決？請完成表18。

03 產品內容讓受眾有用有感

如果你希望某人為你做事，你必須用感情，而非智慧。談智慧可以刺激他的思想，談感情卻能刺激他的行為。

——美國著名學者　羅伯特・康克林（Robert Conklin）

這個世界至今從不缺乏知識技法，尤其現今是資訊極度氾濫的時代，加上自媒體盛行，人人都可以提供自己的想法。

我常常跟學員說，「知識」結合你「過去的經驗和獨有框架」，形成你的「獨特觀點」，這才是重點。知識容易，尤其只要善用ChatGPT，指令下對，它就能產出功能價值比你快速大量的內容；但你的觀點，永遠是你的，無可取代。

給受眾有用的內容

怎麼讓受眾覺得你所提供的內容有用？當你完全洞悉他的痛點，解決他的問題，化解他的焦慮，提供給受眾他所需要的問題解決方案，這就是「有用」了。

我舉一個有趣的生活例子來比喻：我女兒樂樂今年快十歲了，特別愛買一些我看起來就是小廢物的文具，比如說咕卡[11]，她覺得很有用，因為除了可以滿足她喜歡手作的心，還能帶去學校送給好閨蜜提升交情，或者送給媽媽感動媽媽，讓媽媽接下來更願意帶著她去吃喝玩樂，真是太有用了！儘管爸爸每次看到咕卡都覺得匪夷所思，但對樂樂而言，這樣的小玩意兒卻極其有用。所以有沒有用，不是我們自己說了算，是「要用的人說了算」。

有一次，一位朋友來找我諮詢個人品牌，一開始劈頭就說了一句話：「我怕我不夠專業，提供不了別人有用的東西。」

其實她是一個極有才華的女生，有十多年外商品牌運營經驗，一路升遷到國際知名品牌的大中華區品牌總監，後來因為疫情影響內地的經濟環境，使得該集團組織重整進行裁撤，她才被迫離開職場並回到台灣，想開始經營個人品牌。

11 —「咕」是韓文「裝飾」的發音，咕卡也就是貼卡、裝飾卡片的意思。這是一種在孩童間十分流行的裝飾小卡片。

想當然耳，我聽到她問出這個問題時十分驚訝。但是，這也是想經營個人品牌的人，不論資歷深淺和過去經驗的豐富與否，常常會問我的問題。

「有用」的定義，是「要用的人說了算」：你有七十分的知識專業，對五十分以下的人來說就是有用；你有五十分的知識專業，對三十分以下的人來說就是有用。這個有用，從來都不見得客觀，而是這個主體的主觀。有沒有用，不是你說了算，是「要用的人說了算」，了解清楚自己的受眾輪廓和他們的需求痛點，他們覺得有用就是有用，我們實在無需過度煩惱糾結。

最後，我要提醒想經營個人品牌的每一個人：不要只是提供知識，而是要提供觀點。因為知識沒有獨特性，觀點才是專屬於你的獨特價值，才有你的價值主張。

讓受眾有感的價值

除此之外，提供「情緒價值」也非常重要。為什麼要特別提及情緒價值呢？因為這是誰都沒辦法給予的，就算是AI人工智慧也沒辦法給。

但要怎麼給到點上，給得讓受眾能共情，就是一種本事了。知識看過，可能會忘，除非對你來說十分有用，能讓人馬上落實實踐；但一個動人的場景，勾動人情緒的好文，卻能餘波盪漾。這話說的並非知識無用，知識當然有用，但情緒仍舊有價。

商業的背後，是人性，能夠勾動人性產生行為的，是情感連結。

當我們只是開發設計產品，提供的是功能和知識，但如果要打造品牌，要勾動的是情緒，這是完全不同層次的事。這也是在本書四部曲想帶給大家的：如何講動人的品牌故事，成為一個有魅力的個人品牌。

我很喜歡張琦老師說的：「做品牌就是鎖定一類人群，切準一個場景，解決一個痛點，講好一個故事，做好一個傳播。」我想透過這本書帶讀者層層拆解、釐清，一步步向前邁進，我相信你我都能做到。

特別提醒，這裡指的情緒價值不是負面情緒，不是謾罵，不是批評，不是酸言酸語，也不是閒言碎語。而是讓人覺得，內容的文句打到了心坎上，震動了細胞，撼動了靈魂，勾引了大腦。

接著接收到這份內容的受眾用戶會想：他怎麼能這麼懂我？他怎麼能這麼啟發我？我真的好喜歡這個內容和提供內容的這個人。仔細觀察市場上的知名個人品牌，都有這種能力，因為他們背後有自己的價值觀、自己的理念，並且用自己的生活方式過活，確保自己所做的事，照所說的做，照所想的做，照所相信的做。

回過頭來反省自己，我們有嗎？請回去看看圖11（108頁），我們寫了什麼？我們是不是貫徹著這樣的價值觀理念在過活呢？想清楚自己想成為什麼樣貌，想要達到的目標以及真正想要做的事。讓我們的自我形象由我們期望的事物、想要的東西，以及相信會發生的事情決定。

有用，提供功能價值，是基本；有感，提供情緒價值，是超值。這兩者在現今的商業世界，在這個個人品牌的大時代，才能提供最終極的鏈接，讓我們在這個偉大的航道上獨樹一格，持續往前。

04 用實際創造高光感價值

思維對了，所有工具如虎添翼；思維偏了，所有工具形同虛設。

——《六頂思考帽》作者、思考大師　狄波諾（Edward de Bono）

常常有人說，你賺不到你認知以外的錢。但事實是，就算你的認知提升了，思維不對，你還是賺不到錢。

我們常常了解完消費者的痛點，真心愛了我們的受眾，也全心想幫他們解決問題，於是費盡心力的設計對他們有用也會有感的產品，用的全是最好的料子，花的是寶貴的時間；最後，我們付出了一切只為搏君一笑，君是笑了，但國的根本也垮了。

經營品牌不是比誰賺得多，而是要看誰能活得長且活得好，一步一腳印，穩紮穩打。所以，要「實際」，要能清楚評估，知道自己的每一分成本投資所能創造出來的價值效益。

經營個人品牌跟創業很像，都得要有商業思維；然而跟創業不同的是，個人品牌花的通常是腦力、勞力和時間，不見得需要鉅額的資金去投資生產設備、人力物料等。但也就是因為花的常常是腦力、勞力和時間，學習進修的成本往往容易被錯以為跟自己的產出無關，所以常常忽略不計。在這個章節，我們要透過「實際」盤點，以下也列出幾種成本提供大家參考：

★成本一：固定成本

固定成本，對個人品牌工作者來說，可能有個人品牌網站架設成本、社群媒體工具Canva Pro、電腦、手機等等，也包括任何內容產製軟體的費用。

而有些投資費用則是因應專業而產生的必要花費，例如：個人品牌專業跟攝影相關，可能還需要好一點的相機；像我本身因為顧問諮詢服務是採用線上視訊的方式進行，因此購置了線上會議軟體Zoom的月費服務，才能享用無時限的線上會議功能，這也必須列入。

只要事關生產有價值內容所需要的工具與相關費用，都必須列進去，當然也包括耗材。

★成本二：產品成本

如果你的個人品牌內容跟產品有關，原物料的相關成本就得計入；如果跟服務有關，就必須列入人事管銷成本，包括你自己的時薪、餐費和車馬費等等。

再來，請務必要算入自己的時間機會成本和體力成本，以及情緒成本，這些雖然很難量化，但要一直放在心上，因為個人品牌是架構在個人之上，而人不是機器，體力是有限的，情緒也可能影響體力和工作效率品質；個人品牌工作者是自己的老闆，所以得顧好自己，將自己維持在理想、甚至最佳狀況，也需要考慮餘裕和留白。個人品牌和我們的人生都是一場無限賽局，所以特別提醒要考慮這些隱性的產品成本，才能夠讓品牌永續經營下去。

★成本三：行銷成本

凡是跟行銷推廣個人品牌被看見的相關投資，都在這裡面。例如，知識型個人品牌要推廣課程和自己的個人品牌，可能會買FB廣告、操作SEO、使用Click Funnel，常見的也有人用ConvertKit去做名單磁鐵E-mail行銷等等，或者在實體線下的渠道發名片、發傳單等等，這也要算在內。

短影音請代操公司或是買了剪映、小影的付費版，因為短影音是一個推廣個人品牌增粉導流的行銷工具，所以這些費用也都必須算在行銷成本內。最重要的是，花出去的行銷投資一定要能追蹤效益，半年到一年重覆盤點，留下真正對自己的個人品牌行銷有效益的方式及花費。

在不同的事業目標、行銷目標和個人品牌狀態，以及針對不同受眾等面向考量，適合的行銷工具都不為相同，我們必須隨時對自己的個人品牌事業有所掌握，對數據洞察當責承擔，才能不斷優化行銷效益以及個人品牌的獲利。

成本四：雜支和其他

經營個人品牌時，如果決定登記公司行號，這時候可能就會產生營業登記成本、會計稅務和辦公室租金等等，甚至有可能要設計品牌LOGO、拍專業形象照等等，這些也都是成本，都必須要列下並且放入自己的個人品牌獲利結構表中。另外包括任何學習進修和自我投資、海外考察的差旅交通費用等，都也必須要算在內。

林林總總列完規劃的預算項目，接下來最重要的就是要做聚焦收斂了。因為個人品牌通常是一人公司，時間資金成本都很有限，我們提供的訂價也跟受眾的可接受度有關（下一章節詳述），所以不是想花就花，覺得看大家都做就去做，也需要經過優先排序和規劃。重點是：先列下必要、非得要有、不能沒有的關鍵成本，也就是沒有花這筆錢會影響你後續經營個人品牌。

評估並追蹤每一筆支出帶來的效益，尤其是行銷工具。關於行銷的布局和策略規劃會留待四部曲詳述。

透過了解受眾、分析痛點和評估市場的前幾個步驟，預估一個合理可達成的銷售數。

所有成本盡量要在自己可承擔的時限內回本，以免產生情緒壓力成本。如果發現這些成本難以在自己可承擔的期限內回收，再回過頭開始盤點所有成本支出的必要性做優先排序，並且思考是否有機會提升銷售數，反覆推演。

思維對了，所有工具如虎添翼；思維偏了，所有工具形同虛設。如果我們是經營一個品牌，會希望所有工具都讓我們如虎添翼，不只活得下去、還要活得好，更能活得久，實際去做好成本盤列與評估非常重要。心可以熱，但頭一定要冷，用「實際」去創造給受眾的高光感價值非常重要！

案例分享

我曾經輔導過一個個人品牌客戶，她創業三年也經營ＩＧ三年了，來找我諮詢個人品牌。我第一句就詢問她：「為什麼這個時間點會來找我諮詢？」

一問之下才知道，她這三年創業，透過個人品牌銷售導單有營收，而且持續有穩定的訂單業績，卻沒有賺到錢。

說到這裡，我們應該可以猜測到，她的「獲利結構」和「商業模式」絕對出了問題。

於是，我請她列出所有產品項目、相對應的業績訂單和佔比、原物料成本、製作產品所花費的時間、她的工具成本、學習進修費用等等，一條條列下來攤提。可怕的是八個產品線，只有四個是賺錢的，而且毛利都不高，另外四個如果把時間成本用最低工薪去算，也是做心酸的。

做任何事情，心可以熱，但腦袋一定要冷靜。再不習慣數字，都得學數字，而且經營個人品牌，最需要考慮的花費除了金錢，就是我們的時間體力；而最讓我們消耗的則是情緒與焦慮。算清楚每一筆帳，才能夠每一步走得踏實，穩紮穩打，走得長久。

思考動動腦

請列下所有需要支出的成本：

一、**有形成本：**內容產製成本、工具使用成本、學習進修成本、雜支管銷成本……

二、**無形成本：**身體或情感成本、時間機會成本……

Light 19 支出成本分類列表

		類　別	細項／數額
有形成本	1	內容產製成本	
	2	工具使用成本	
	3	學習進修成本	
	4	雜支管銷成本	
無形成本	5	身體或情感成本	
	6	時間機會成本	

05 願意買你的才是眞買家

有價值的東西只有對懂得的人才有意義。

——古羅馬劇作家　普勞圖斯（Titus Maccius Plautus）

價格從來都不是重點，價值才是關鍵。Tiffany & Co. 蒂芙尼的鑽戒價格再昂貴，都還是有女孩趨之若鶩，成為求婚聖品，愛瑪仕柏金包（Hermès Birkin bag）不管再怎麼價格昂貴又難以取得，還是讓人想盡辦法都要得到；所以重點從來不是價格，而是品牌給人的高光感價值，而這些也都對「懂得」的人才有意義。

例如我家的直男老公對於這些東西向來都嗤之以鼻，不懂為什麼那個淺藍色小盒子綁上個白色緞帶要賣這麼貴，就算我跟他解釋這個品牌的獨特價值，甚至為此大家把它的品牌標準色定義為 Tiffany 藍，從此成為一個專有名詞，並不是一個普通的淺藍色，我老公還是會一臉困惑地看著我。

價值，真的只有對懂得的人才有意義。

這就是為什麼經營個人品牌一開始要先認識自己、洞察市場，這首部曲還得要抽絲剝繭的找到受眾難以言喻的痛點，要真心幫他們解決問題、還要產品內容都要讓他們有用有感。因為我們得確定，你「找對人」才有機會「說對話」，最後當然還要「做對事」。

流量紅利時代慢慢進入尾聲，現在是「留量存利」時代，而要留得下人，前面每一個步驟不能少；留得住心，你還得反覆滾動調整、優化修正，做出精髓，做成高手。但要讓人願意買我們的內容或是產品服務，除了定價的合理性，也取決於我們的影響力足不足以讓受眾改變行為，產生行動。

通常我會建議個人品牌經營者使用以下五大步驟來進行測試，我自己也是這樣過來的：

★步驟一：當貼文觸及和互動數到達一定水準，開始測試自己的影響力

分享跟你類型相同的產品服務。舉例來說，我是知識型個人品牌，分享知識型產品；你未來要推出的是實體商品，就分享實體商品。請從定價低的先開始分享，當每次分享會有兩

位數的人下訂，就可以再分享定價略高的產品服務，依次提高金額，測試自己的影響力指標。

一開始我是幫朋友分享一場一個人要價三百～五百元台幣的線上講座，接著幫前輩分享每人三千～五千元台幣的一日課程，從中確保都有固定群眾會因為我的分享產生行動，也從中摸索出我的受眾到底喜歡什麼樣類型的產品服務。

★步驟二：透過上一章節的成本結構，做出市場定價

先加成自己所需要的利潤做「初次定價」，初次訂價做好，也要觀察市場競爭對手相似等級內容的商品，調整定價，確保定價有競爭力，訂出「市場定價」。先設計「最小可行性商品」就好，不要心急！

★步驟三：將「市場定價」對比你之前所分享的產品服務

如果價格較高，而你所分享的產品服務之擁有者又比你知名度和影響力更大，你得持續提升自己的影響力。如果你自己的「市場定價」對比你分享的產品服務價格較低，你便可以試著推出，看看市場上是否有人買單。我用市場定價相較於競爭對手的價格高低，以及我們

與競爭對手的品牌影響力相對高低，做出了圖3-2價格×品牌影響力定位，來幫助大家進行決策。

步驟四：利用圖20相應微調

透過圖20做相對應動作，並再思考價格是否需要進行調整，訂下我們的「最終定價」，對比我們的最小可行性商品，試著推出到市場上吧！

步驟五：找出你的超級客戶

當有人購買時，記得了解一下這些願意買你內容或產品服務的真買家，從哪邊得知你的服務，他們的輪廓，也針對他去做消費

Light 20 —— 價格 × 品牌影響力定位

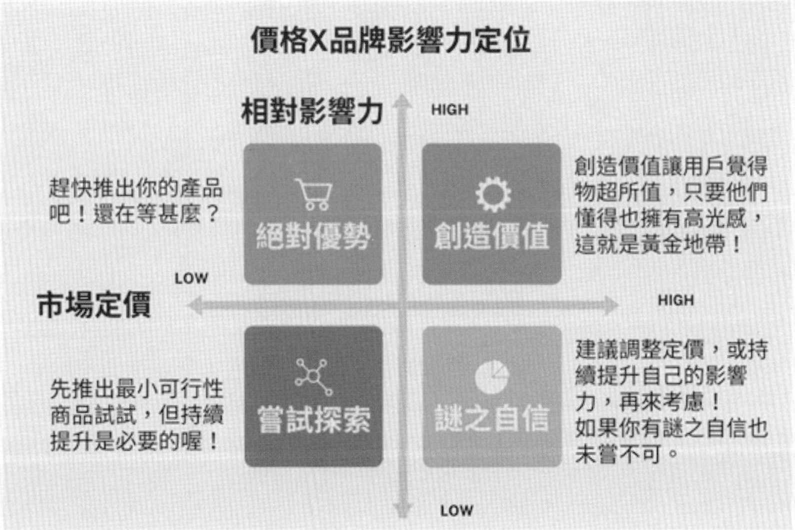

價格X品牌影響力定位
相對影響力
HIGH
LOW
市場定價
LOW
HIGH
趕快推出你的產品吧！還在等甚麼？
絕對優勢
創造價值
創造價值讓用戶覺得物超所值，只要他們懂得也擁有高光感，這就是黃金地帶！
先推出最小可行性商品試試，但持續提升是必要的喔！
嘗試探索
謎之自信
建議調整定價，或持續提升自己的影響力，再來考慮！如果你有謎之自信也未嘗不可。

者的訪查，藉此找出你的超級顧客。如果沒有人購買，我們再重覆以上動作進行微調，甚至得回到上一章節，再去重新盤點必要成本了。

案例分享

之前我曾輔導過一位可愛的個人品牌客戶，她經營**精油芳療個人品牌**一段時間了，但一直不敢收費，因為她覺得自己「好像不值那個應該收的價碼」。最有趣的是，她其實擁有最高等級的國際芳療證照，而且不只一張。但最要緊的是，偏偏不收費，又維持不了開銷成本，搞得自己心很累，而且自我懷疑到底要不要繼續下去。不論是「冒牌者症候群」或是「謎之自信」都不是容易克服的問題，因為這樣的問題之所以存在，往往源自於自己內心的潛意識和原生課題。

我沒有多言告訴她應該要怎麼做，只是透過這一章節的五個步驟，逐漸引導她一步步往前，看看市場，觀察一下跟她同樣追蹤數的同業都在做什麼。然後，鼓勵她設定一個最小可行性商品，在仍有利潤可賺的情況下，作為初階商品，由於商品價格很平實，讓她不致犯了冒牌者症候群；同時從設計環節下手，讓顧意買初階商品且感到超值的顧客，能再往前一步持續回購中階、甚至頂級的服務。

因為初階商品的價格低，利潤薄，沒辦法有太多的必要成本開銷，我也引導她規劃了採取早午餐聽課的異業合作方案，節省駐點的租金成本和設備開銷。我永遠記得她去談合作時的忐忑，也永遠記得當餐廳老闆願意合作時她的喜悅，同時她也慢慢發現，這樣的初階商品在市場上是被接受的，進而一步步建立自信。

思考動動腦

運用上述所有有形成本，並將無形成本自己估算上相對應的金額數字後，乘以一・五倍以上。並透過這一章節的一～五步驟，判斷自己提供的產品服務是否具有競爭力。如果沒有，則得回到上個章節再重新盤點並調整成本。

Light 21　成本盤點

	盤點項目	目前定價／市場競爭力
1	實際成本預估＝ （有形成本＋無形成本）×1.5	
2	步驟一：當貼文觸及和互動數到達一定水準，開始測試自己的影響力	
3	步驟二：透過上一章節的成本結構，做出市場定價	
4	步驟三：將「市場定價」對比你之前所分享的產品服務	
5	步驟四：利用圖 20 相應微調	
6	步驟五：找出你的超級客戶	

Chapter 4

四部曲：傳遞價值

01 找出你的好球帶渠道

用最少的資源，用最舒服的方式，找到能真實展現自我的平台，用你最擅長的方式持續耕耘，認真看待每一次接觸。

——旅居西班牙的連續創業家　凱若 MiVida Carol

過去我在外商公司擔任品牌運營的角色，做為一個品牌經理，我都戲稱有點像「拿公司的錢在做創業」，因為所有關於品牌的大小事都是品牌經理的事，當中跟通路行銷、跟業務、跨部門的溝通協調都不少。目的就是要讓這個品牌符合營運目標前進，同時持續成長發展，每年的新品也要如期上市，且盡其可能成功，因為這同時也牽涉到業績、毛利和淨利目標。

除了品牌定位、願景使命通常已經是海外的總公司所決定好的。除了有一本品牌指南手冊（Brand Bible），其餘包括目標受眾、市場區隔、市場定位等，有時會因策略而有些微調整，或因市場競爭對手的移轉，重新做市場調研發現，這些都有可能會改變。決定好上述項目後，還需要做好產品的定價策略、通路渠道選擇、促銷策略與頻次、產品組合等等，以及全方位的媒體廣告行銷規劃。這是進行商業品牌行銷的完整全貌，每一樣都很巨大。

至於個人品牌的經營，邏輯脈絡雷同，但因為是「個人」品牌，定位上多了個人特質和價值觀理念等人性化的部分，可能也沒有太多預算做這麼完整的品牌運營。所以，單就「通路選擇」這件事情上，我們就用「好球帶渠道」來做思考和規劃。「好球帶渠道」的選擇可以分成三個面向來看：

★定義清楚目標受眾，創造一個「化身」是攸關全局的第一步

對於目標受眾，能想得更清楚完整，栩栩如生的宛如真人化身，是最好不過的。前述章節（125頁）曾列出十大問題可供釐清，我再重述一次。

Q1 他的性別為何？年齡落在哪個區間？

Q2 他的學歷和工作經驗？

Q3 他的家庭狀況如何？

Q4 他可能的人際關係有哪些？生活圈為何？

Q5　他的人格特質和個性？

Q6　他對什麼事情感興趣？

Q7　他在休閒時會有什麼樣的嗜好？

Q8　他的理想人生目標大概如何？他有什麼樣的夢想、希望、事業想望？

Q9　他想要過的完美一天是什麼樣子的呢？

Q10　他會出現在線上線下的哪些地方？做什麼樣的行為？

越是詳盡明確越好。同時，我們可以因此設想出目標受眾的生活與人生路徑，進而設想他可能有的未被滿足的需求，那個缺口就是我們可以提供價值的地方。同時也因為這個完整清楚的受眾輪廓，可以讓我們知道他會出現在哪些地方。

★找出目標受眾會出現的線上線下渠道

打造個人品牌，遠不只是自媒體經營，除了需有事業模式和商機路徑外，我的觀點是，除了線上平台，還要在意線下渠道，藉由線上線下的一致結合，才是最完整的個人品牌。尤其是線下的實體接觸，見面三分情，加上互動時的細節呈現、專業與談、關係連結的建立，可以讓個人品牌變得立體顯著，連結性也更強，除了有機會增進吸粉外，進而培養出擁有忠誠黏著度的「指定客戶」，甚至成為「一千鐵粉」[12]，擁護者。

從線上可以藉由所描繪的目標受眾的化身輪廓，找出適合經營的渠道；線下，因為回答了上述十大問題，我們也設想過了這樣的受眾完美的一天，所以也能清楚知道他會出現在哪些場所，甚至知道這些場所可能提供的資源、場域、或有機會跟什麼樣的社群活動連結。這些線上線下渠道除了跟目標受眾會出現的「平台」與「地點」有關，最重要的是，與目標受眾會花錢買我們的產品服務的「情境」有關。

關於上述的好球帶渠道，因應屬性特質可歸類成四大類：

類型一　線上社群

常見的線上社群平台有 Facebook、Instagram、Twitter、YouTube、TikTok、LINE 或 Podcast，這些我們稱之為「社群媒體」；但事實上，更廣義來說，只要能發揮影響力，並且有眾多人使用形成社群聚落的平台，都叫社群媒體。如果以這個廣義定義，則 PTT、Mobile01 論壇，或是擁有上萬粉絲的部落格以及聚焦於職場工作的 LinkedIn 都算是廣義的社

12 一究竟何謂「一千鐵粉」，詳見〈最終章：02 事業品牌漏斗〉裡的定義說明。

群媒體。

選擇線上社群平台的方式有三大重點：

1. 選擇你的受眾多半會出現在哪。

2. 思考你的定位和提供的解決方案在哪個平台會是剛性需求。

3. 選定你擅長且能持續耕耘的社群內容產製型態。

最後再考慮**流量紅利**。

一般人常常先考慮到流量紅利，所以所有人都一窩蜂的搶進當紅的社群平台，結果那卻不見得是我們主要受眾會出現的場域，要耕耘的自媒體內容型態也不見得是自己所擅長的，所以更新了一陣子就開始三天捕魚、兩天曬網，甚至停更，反而什麼都沒有累積到。

因此，對大多數的個人品牌工作者來說，前兩者很直觀，但第三點絕對不可以忘記：選定擅長且能持續耕耘的社群平台，非常重要，做得了才能做得久，做得久也才能做得好，才能打造出屬於自己的個人品牌。

類型二　線下通路

線下有沒有哪些通路是受眾會常常出現的地方呢？只要找到這些地方，我們就能設法在這些場所舉辦跟我們個人品牌定位相符，同時也跟我們提供給受眾的內容主題相關的活動或是講座。或者，我們也能夠自己建構一個線下場域，比如說讀書會就是一個成就商業模式很好的方式。

我自己就有一個「不只是媽媽」讀書會，當時會成立的原因就是因為，我發現自從我成為品牌顧問且開始經營個人品牌的過程中，身邊的主要受眾都跟我一樣是媽媽，有不想只是當全職媽媽的媽媽、職場媽媽、兼職媽媽等等，但通常他們都不太知道可以怎麼「不只是媽媽」。職場媽媽忙於工作，容易落入家庭跟小孩之間拉鋸，兼職媽媽對於品牌和商業思維需要外來支持，全職媽媽則可能從定位開始就需要協助。

所以，我思索許久，最後乾脆成立一個讀書會，把這群人聚在一個地方，一起共學共讀共創。本來也沒有固定的時間聚會，想到就舉辦，也沒有特別取一個社群名稱，疫情期間還因為無法外出，甚至改為直播說書。後來疫情結束後才因緣際會，就此定下「不只是媽媽」這個讀書會名稱並成立群組，開始固定頻率一季兩次的舉辦，漸漸開始有越來越多人一起參與。

類型三　異業合作

異業合作是我很建議個人品牌工作者採用的方式。因為一個人也許走得很快，但一群人可以走得比較遠，尤其個人品牌最大的天花板就是我們自己的時間產能限制，資金資源也未必充足，透過異業合作能夠槓桿彼此的時間資源，是很聰明的方式。

而在此前提之下，如何選擇正確且適合的異業合作夥伴非常重要，我提供以下四個關鍵給各位參考：

1. 確認合作對象與自己的品牌定位和風格差異不能過大，如果是實體店家，則要注意呈現的裝潢風格與調性不能相差太遠。

2. 確認合作對象跟自己的服務受眾是否吻合，才能彼此補強換粉，共創雙贏。

3. 合作都是以人為本，也請彼此尊重和注意誠信。

4. 談清楚雙方的合作方式，最好白紙黑字寫下基本的合作備忘錄。

合作最重要的是建立起長期有意義的關係，所以事前的規劃思考都不能少，過程當中正直正派地訂下保護彼此的條約也很關鍵。

類型四　組織社團

選擇適合的組織社團去建立人脈鏈接也是很好的方法。通常會有「直接創造」與「間接鏈接」兩種方式。

1. 直接創造：

組織社團裡就是你的直接受眾，所以跟這群人互動鏈接除了能夠打造的你個人品牌影響力外，更能讓更多符合你受眾輪廓的群體認識你，也能做市場調查，甚至如果你已經有產品服務，也有機會直接得到案源。

這個方式沒有不好，但我自己因為不是個那麼直接的人，也不想要因為利益和目的性去結交認識朋友，同時擔心這個過程可能反而對我自己的個人品牌資產有所損傷，因為對我來說，除了真材實料的專業內容，最重要的還有真誠的對待和真心，所以我比較少採取直接創造的方式。如果一旦選擇這個方式，我也建議把變現放在最後再考慮，把時間拉長去看，第一年先不要把對方當成客戶，我們要組建的是長期、甚至無限的人脈。

2. 間接鏈接：

組織社團裡面是有你的潛在異業合作夥伴的（判斷方式如上所述），這時候我們可以快速有效的認識潛在的異業合作夥伴，並且透過彼此換粉和引薦的過程，有機會倍速擴增你的個人品牌影響力。加上因為是間接鏈接和彼此引薦，所以可以奠基在對方原本就跟受眾建立的信用資產上，同時又不會過度直接的讓受眾感到壓力，這是我自己比較喜歡也擅長的方式。不過這個方式，也要格外注意這個合作對象的誠信和專業信任感，也就是他的個人品牌資產究竟是正向資產還是負債。

這是為什麼我去年願意加入商會的原因。因為我自己的客戶受眾，企業品牌顧問多著眼在中小企業主；個人品牌顧問的部分則是除了中小企業創始人的個人品牌，還有職場業務（諸如保險從業人員和財務顧問）和師字輩的專業人士為主，而大多數需要個人品牌去增加專業信任感和案源的師字輩也都自己開業，這兩類人都會參加商協會。從商會中接觸這群人，同時能知道他們的痛點是否如我所觀察判斷，甚至可以藉此優化我的顧問服務。

另外，在商會組織時，我也會特別觀察組織的創辦人或發起者的商務思維是否成熟，個性是否正派，以確保達到我擅長的「間接鏈接」的組隊合作效益。當然市場上對各商會評價不一，我也不會特別說好壞，因為我總相信任何一個組織群體都有優秀的人才，也都會有冗員或是偷懶甚至違規的員工，評判起來過於複雜。

但如果透過源頭去了解一個群體，並且理解其願景使命與核心價值觀是否與你相合，同時清楚自己對事業與個人品牌的規劃，審慎思考這樣一個「工具」是否能幫助自己累積個人品牌影響力，甚至創造績效，會是對我們來說相對中立的判斷方式。

選擇沒有絕對的好壞，只有適合或不適合自己。

清楚了這些選擇布局渠道的原則，就會發現流量紅利不是跟風就好，接下來的時代是「留量」存利時代，我們得清楚自己的每個選擇，慎選出現的場域，並且透過前述章節的每個步驟釐清並定義清楚，才「留得住人」也「留得下心」。

創造屬於你的「好球帶渠道」

這點非常重要。因為知道目標受眾化身會出現的線上線下渠道，重點是，我們或是我們的內容會出現在這些地方嗎？所謂的「好球帶渠道」，就是「化身會出現的」×「你可以出現的」線上線下渠道交集，這才是你

Light 22 **好球帶渠道公式**

好球帶渠道
＝化身會出現的
× 你可以出現的

- 線上線下渠道交集
- 邊緣好球帶渠道

的好球帶。

舉例來說，化身會出現在高爾夫球頂級會員俱樂部，但這樣的場所不管是線下聚會或是線上社團，入會費很高，進入社團還有資格審核，一般人根本不得其門而入，所以沒用。重要的是：「化身會出現的」×「你可以出現的」線上線下渠道交集，也就是「好球帶渠道」。

再來，有沒有一些是在「邊緣好球帶渠道」呢？可能選擇適度投入可負擔的金錢、可挪移的時間專注，甚至與虛擬合作夥伴的結合管理安排資源，就能擴充並創造出額外的「好球帶渠道」，這也是非常值得深思的。

最後，也需要考慮受眾，他們會隨著時間和人生階段改變輪廓，所以有些次要的好球帶渠道，也許現在未必是你精準受眾會出現的平台，但以長遠來看，也可以先行布局。因為經營個人品牌，就是把自己當品牌經營，重要的除了當下，還要具備創業家思維，創造出你所需要的可能。

記住！門檻越高，你的競爭者越少！因此，了解自己、盤點自我，進而具備「創」與「闖」的精神非常重要。

案例分享

現行的社群平台越來越多，這次的案例分享，我想講述的是社群平台的老大哥：**Facebook 臉書**。臉書在這幾年的觸及率越來越差，過去上萬粉絲的KOL意見領袖（Key Opinion Leader）一篇貼文可能有一千個讚，現在一篇PO文也許剩二百～三百個讚，跟五千、六千粉絲追蹤數的KOC關鍵意見消費者（Key Opinion Consumer）貼文讚數差不多，甚至互動更差。

為什麼會這樣呢？因為平台一開始會釋出紅利，吸引用戶和創作者到該平台。

當越來越多使用者，有趣的內容更多，甚至開始有廠商過來從事商業行為，並且有所謂的商業品牌和個人品牌不斷興起加入，又產生更多內容，吸引越來越多用戶來平台觀看參與使用，就像是臉書或是現在的IG。

這時候大家都已養成使用習慣，這些社群平台就會想開始變現獲利，也就是藉由降低觸及率，和運用AI和演算法把認為是「商業行為」的內容降低更多觸及，藉此銷售廣告和方案去變現賺錢。所以才會有越來越多人覺得，經營臉書的效益不好，內容產生的觸及數不斷降低。

但是，我還是選擇了經營臉書的商業帳號，為什麼？因為我產知識型長文的速度很快，而且遠比圖片影音快太多了；同時這幾年在臉書上也培養了一群粉絲，他們固定會收看我的臉書，當我釋出顧問課程諮詢表單時，他們也願意付費諮詢，甚至會幫我轉介客戶。因為在過去幾年的累積下，透過長期且大量的內容，他們對我的專業有一定的信任基礎。所以，臉書還是我與目標受眾接觸的主線。

但是，我玩不玩 Instagram 和 TikTok 呢？行有餘力我偶而會玩，因為使用 I G 和 TikTok 的這群人會是我接下來十年的受眾有可能會出現的地方，這群人會長大，會進入人生的另一個階段，社群平台的機制也會改變。

但同時我會非常在意我有形和無形的隱形成本，也會關注我每一分力氣所產生的效益，因為我清楚自己的時間和金錢等資源都十分有限，個人品牌是一場長期戰，能夠走下去並活得久才能夠活得好，所以要非常注意自己的時間體力和預算分配。

思考動動腦

透過你的受眾輪廓，仔細思考完成圖23。

一、你的受眾會出現在哪些線上平台或社群上？

二、你的受眾會出沒在那些線下通路和場域？

三、有沒有哪些異業合作管道可以接觸得到你的受眾？

四、是不是有一些商會、組織和社團是受眾聚集的地方？

Light 23 規劃你的好球帶渠道

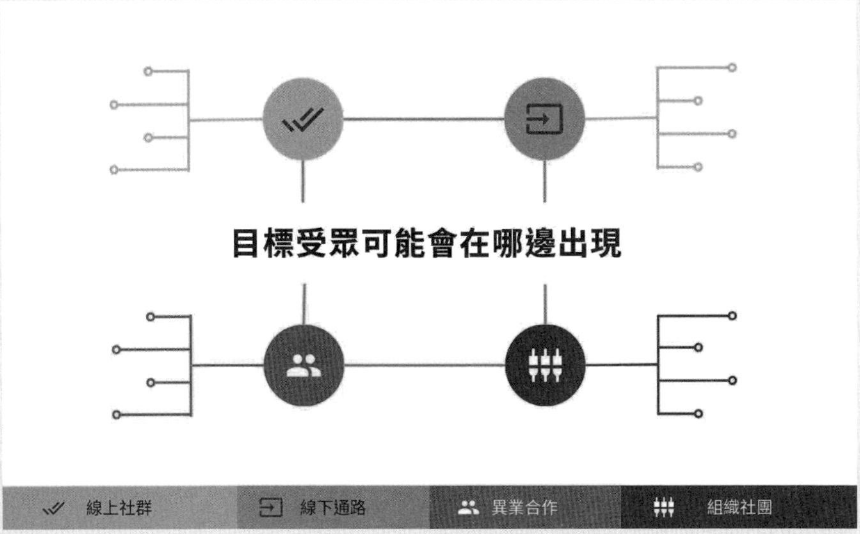

02 讓社群媒體放大你的美

程式碼和媒體是無需許可的槓桿，它們是新富裕背後的槓桿。你可以創建軟體和媒體，即使你在睡覺，也能為你工作。

——矽谷傳奇創投家 納瓦爾・拉維肯（Naval Ravikant）[13]

在這個時代，人人都在喊個人品牌，人人都想做個人品牌。

甚至不只一項調查指出，台灣人平均擁有四個社群帳號。然而，如何有效經營個人品牌？怎麼打造具有影響力個人品牌？甚至可以有效變現，如何創建一個讓你即使在睡夢中也能持續為你工作賺錢的系統？坦白說，沒有人有真正的答案。

其實，每一個個人品牌，都航行在自己的航道上，無法複製他人的成功。

市面上有太多培訓課程，打著「能創造千萬爆款」的旗幟，端出學費高達六位數字的線上課程，行銷文案允諾大量增粉、言之鑿鑿，吸引眾人的目光，也讓很多人趨之若鶩。同時，這一、兩年也有大量個人品牌線上課程出現，不斷宣傳強調培訓課程能為個人品牌經營者帶來顯著的經營成效。更不用提短影音上的類似宣傳更是如雨後春筍，不斷冒出……面對令人眼花撩亂的市況，個人品牌經營者究竟該如何因應？到底還要學多少工具媒體？大家都陷入一種茫然和焦慮。

在我看來，個人品牌，就是「個人」品牌，凡是跟人有關的，變數都無窮複雜。也就是說，每個人使用的方法和工具可能都有所不同，懂得選擇適合自己的工具是很重要的。

但有一些商業經營的底層邏輯，則是不會變的。我們除了要關注市場變化，更別忘了要去關注這些恆久不變的底層邏輯。其中，打造個人品牌過程中的知識萃取、定位梳理、標籤明確，便是個人品牌經營底層邏輯裡的不變法則。

比如打造個人品牌過程當中的平台渠道選擇、社群操作、LINE社群私域流量，同樣事關邏輯框架和底層邏輯。

13 一語出《納瓦爾寶典》。納瓦爾·拉維肯（Naval Ravikant）是矽谷傳奇投資人，其歷年金句被網路作家艾瑞克·喬根森收錄在《納瓦爾寶典》中。

再比如個人品牌網站架設、SEO優化、廣告投放、知識產品（如課程）設計、教學方法等，當然也都有成熟的邏輯架構。

然而，以文宣打包票能為人增加多少數量的粉絲追蹤帳號，往往因為牽涉的變數過多，需要輔導顧問持續的陪伴觀察協助經營者優化；再者，揚言短時間能讓人致富，或能讓輕鬆得到六位數收入的說詞，都讓我對這樣的合理性感到懷疑。可能是因為我向來是個實務導向、看數字細節說話的人，面對這些浮誇的陳述，總會比較懷疑所言是否真實。

唯有認清自己的個人品牌狀態和想要達到的目標，並規畫屬於自己的個人品牌路徑，才能夠正確篩選出真正適合自己的學習資源和適合的講師顧問人選，避免花了冤枉錢或成了別人收割的韭菜。

前述章節我們分享了許多關於個人品牌經營的規畫方式，我們也選定了好球帶渠道，知道自己該經營哪些平台。

接著，在這個章節才終於要進入社群媒體的經營，開始進行內容議題的設定，讓對的受眾可以秒懂你的美，同時透過內容的產製與你產生更深的連結，甚至買單我們的產品服務。以下我同樣用三個主軸來分析說明。

★「專愛」：專注把擅長做到極致，選擇最擅長產出的議題

我常會聽到個人品牌經營者這麼說：「消費者調查是大品牌大公司在做的事」，其實不然。再小的品牌，都可以透過碎石子調查[14]或田野訪查，甚至對你的第一批客戶做詳盡了解，達成這個任務。而這件事情會使你在規劃一開始的最小可行性商品時，和你的個人品牌與市場貼近；也會讓你的客戶（受眾）感到在意。

能與你的目標客戶距離越近，你所具備的價值就越大。而這個距離並不單單指的是實體的距離，也是內心的距離。選擇他們習慣也喜歡的內容型態與議題，就能拉近彼此的距離。

再來，清楚自己所擅長產出的議題內容型態也非常重要。因為個人品牌最寶貴的資源除了金錢，其實是時間，比的是速度。

當然經營者個人的心態和專業很重要，但創作的速度常常更重要。創作的速度，決定了你在自媒體發表內容更新的速度，更新內容的速度越快，也代表你在社群媒體上撒的種子越多，被看見的機會就越大。況且，透過大量內容的更新產出，更能梳理我們進修學習到的知識，

14 碎石子調查（Pebble Survey）：顧名思義，就是像在路邊撿碎石子一樣，找身邊的人來進行詢問，是最省錢的量化調查方式。

同時驗證、優化，越來越貼近受眾真實的需求，也越來越貼近市場的機會。

專注把一件事情做到極致，是非常亮眼的。流量很重要，「留」量更重要。從未來的眼光看現在，從別人的眼光看自己，清楚自己的每一個選擇，在經營個人品牌的任何一個環節上，都至關緊要。

✸「真愛」：用真心熱愛感動受眾，創作你擁有熱情的內容

我們是否懷抱熱情願景在做一件事，受眾是感覺得出來的。不論我們是交差了事，快速產文；還是真心誠意，創作著你擁有熱情的主題型態內容，受眾完全感受得到。前者會讓我們的口吻像ＡＩ機器人一樣沒有靈魂，後者才是一個完整的、有血有肉、有感情的人。

唯有人才能感動人，高明的營銷就像是跟受眾談了一場戀愛一樣，不斷跟受眾發生一場場親密關係，一次次的感動受眾，用我們的高智商觀察他的核心需求，用高情商勾動他的每一分情緒。這些往往都堆疊在真正相信且熱愛自己所做的事情上才有辦法辦到。

所以，以熱情創作產出你的內容，選定自己充滿熱情的議題型態傳遞這份助人成功的信念吧！

★「長情」：用長線思維打造長銷，而非追求爆款

爆款只是一時，只有長銷才足以持續。我們要經營的是一個「品牌」，不管是商業品牌或是個人品牌，都要看長線去做思考。更不用提所謂的爆款往往難以持續，最終消耗的是受眾對你的信任資產。

百萬觸及的短影音的確很厲害，但如果這樣的內容與個人品牌的定位不合，對品牌形象沒有加值，甚至與長期規劃沒有串接，那麼這個爆款只是一時璀璨；更不用提現今追求爆款流量的方式可能會用吸睛搏眼球的方式、或是蹭時事熱度，雖然能帶來流量曝光，但是對經營品牌的資產累積未必加分，甚至對社會後續的影響也未必良善，這些都是我們所需要思考的。

把自己視為一個品牌、一間公司來看待，應該想的是「長銷」經營。也因為擁有長線思維，我們會格外重視細節，也在意客戶的感受，把客戶放在心上，因為我們會希望這個受眾客戶跟著我們長長久久。所以，選擇一個可以持續長久經營的內容型態和議題框架十分重要，做得長才能做得久，做得久也才有機會做得好。

不論是經營 Podcast 也好，短影音也罷，或是走老路子用圖文在臉書和 I G 上發表你的專業內容也可以，個人品牌的經營要的從來不是整個市場，因為身為個人的時間體力極為有

限。我們要的是細分寡占，找出一千鐵粉在哪，並且釐清確認他們想看的內容，同時思考自己擅長的內容型態、深具熱情的內容議題，認真滿足客戶的需求、持續經營，清楚區分出自己的主戰場並持續專注深耕。

這一千鐵粉之所以是「鐵」粉，是因為我們專愛、真愛、長情，所以他們跟定、買單，也知道我們長情可信，最後也願意在我們身上花錢，進而使我們有機會實現「變現」。

每一個個人品牌經營者都想要變現，但變現只是一個指標，我們要做的是「愛自己的客戶，真心希望他成功」。讓客戶能感受得到，我們心中所想的是愛情，還是麵包。最終，我們專愛、真愛、長情，才能跟受眾客戶一起長長久久、彼此相愛的吃著好吃的麵包，百年好合，皆大歡喜。

迷思小教室

一、我一定要經營短影音嗎？我時間實在不多，沒辦法一直剪輯。

二、而且抖音上面的年齡層那麼低，是我的受眾嗎？

短影音的流量紅利很容易讓我們覺得，若不做這件事，可能會錯失紅利和商機，追悔莫及；短影音上的百萬觸及ＫＯＬ們，讓我們心生嚮往，想追尋那個數字。但是，我們仍然要記得問問自己：

一、主要的好球帶渠道是哪些？

二、次要、邊緣性的好球帶渠道是什麼？

三、我們能夠專愛、真愛、長情的去耕耘的內容型態和議題為何？

Light 24　迷思：短影音和自己的長久目標

	問　題　Q	答　案　A
1	我一定要經營短影音嗎？我時間實在不多，沒辦法一直剪輯。	一、問問自己： 1. 主要的好球帶渠道是哪些？ 2. 次要、邊緣性的好球帶渠道是什麼？ 3. 我們能夠專愛、真愛、長情的去耕耘的內容型態和議題為何？
2	而且抖音上面的年齡層那麼低，是我的受眾嗎？	二、 想清楚自己想要的是什麼，滾動式調整優化，才能不只是吃到紅利，還能長久獲利。。

經營個人品牌不是短跑衝刺，是長跑馬拉松。我們只看到張琦老師的億級流量，卻忽略了她當時半年內上傳了一千支以上的短影音，有商業、有管理，也有關係和雞湯。至今她的短影音素材還是鋪天蓋地的存在，她的工作團隊在張琦老師授課演講時，仍持續從各個角度不斷記錄拍攝實錄，然後快速剪輯影片上傳……所有事情都是累積而來，不是奇蹟。了解自己的賽道，清楚自己的擅長，明確自己的規劃，永遠是最重要的。

我的客戶有時候上了短影音課程，拍了幾個月短影音，但覺得自己實在是抽不出時間、想不到議題，想到還要後製字幕和剪輯心就累……於是便放棄了。短影音的流量紅利還沒吃到，就先累死在這個浪潮來襲的沙灘上。

想清楚自己是誰、什麼是自己要的、客戶是誰、客戶在哪，自己擅長而且有熱情還可以持續的內容為何，長長久久的持續耕耘，觀察數字並洞察用戶需求，滾動式調整優化，才能不只是吃到紅利，還能長久獲利。

思考動動腦

請在圖25這些面向中選出五個（不含生活）你覺得自己相較擅長也能夠寫出符合下個章節所述「情、趣、用、品」的內容面向，並各設計兩個內容標題，共十個內容議題。接著，

Light 25 內容議題的設定面向

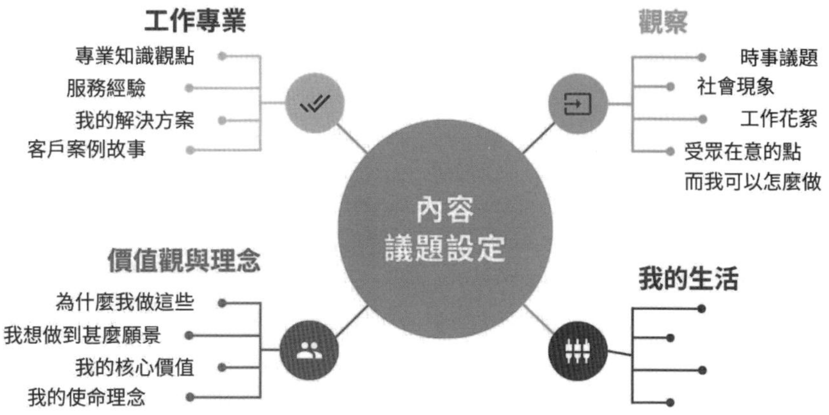

再加上一個生活面向之內容標題。

如果真的想不出來，可以下指令給 ChatGPT 先請小幫手再來自己修改喔！

對 ChatGPT 寫下：

一、你前面設定的定位，告訴它。

二、你預計寫給什麼樣的受眾看（沒錯，你在前面的章節也已經定義出來了）。

三、接著也告訴 ChatGPT 你想要請他幫忙產出讓這群受眾會有感的內容標題，包含這五個面向，每一個面向幫你各想兩個標題。

以此為初稿去進行修改吧！

03 內容要有「情、趣、用、品」創造氛圍

內容建立關係，關係建立在信任之上，信任推動收入。

——當代暢銷作家、演說家　安德魯・戴維斯（Andrew Davis）

有了選好的渠道，設定好內容議題，接著我們就要開始產出內容囉！

這個過程雖然漫長，但在社群媒體中，內容的角色是行銷工具，其用途是為社群經營者帶來流量和知名度，因此必需透過前述每個章節的每個步驟都做穩做好，確保營運規畫完善，才能讓這個行銷工具成為我們專業的放大器，也才能持續流量，真正找對人、說對話、做對事。

現在，我們要來談談究竟該如何規畫設計出一篇動人的故事。

很多人會抵制雞湯文，對這種心靈雞湯嗤之以鼻，但我常覺得現代人太低估一碗雞湯了。

若你不是隻好雞，還燉不出一碗湯呢！更不用提要成為一隻上等的老母雞，才能燉出一碗上等好高湯，甚至濃縮精華，成為一碗補氣提神的燉雞精，在在都需要技術。

任何富含養分的內容我們看過都可能會忘，除非能即刻派上用場，讓我們落地實踐，才會記得。但一幅動人的場景，勾動人情緒的好文，卻可能在心裡餘波盪漾、持續發酵、唇齒留香而使人印象深刻。這不是說知識無用，知識當然有用，但別忘了情緒依舊有價。

如何產出讓人印象深刻的內容，我歸納了幾個重點，為了方便記憶，我將之戲稱為：**「情、趣、用、品」**。這四個字說的是：「情」是讓人產生共情，引發人的感情；「趣」是要有趣味，不是譁眾取寵，而是回甘可口；「用」是有用，於受眾來說能解決他問題痛點的有用；「品」是有品，是品質也是格調，讓人覺得餘音繞樑。

「情」：情意濃才能建立用戶鏈接

最終極的鏈結其實是情感連結。如果你希望某人為你做事，你必須用感情打動人心，而非智力所能及。談智慧可以刺激一個人的思想，談感情卻能影響一個人的行為。

身為一個個人品牌經營者，創造內容時要懂得訴說一篇打動人心的故事，要能夠營造氛圍，要能通篇從頭到尾都沒寫「我要你」，但字裡行間濃厚的情感每一句都像在說「我愛你」……

舉例來說，早期有個鑽石品牌形象廣告，它沒說自己的切工有多好、鑽石等級有多高，只說「鑽石恆久遠，一顆永留傳」。

因為鑽石多半什麼時候用？求婚的時候用！說愛的時候用！從這麼一句話處處透露著——我們的愛今生今世，無怨無悔。這就是內容行銷最重要的精髓，正中受眾的內心，替他說出他不好意思或難以啟齒的濃情蜜意。

「趣」：有趣才能吸引客戶注意

現代社會過多的資訊充斥，使人缺乏專注力，所以短影音也應運而生。在抖音上滿是各種令人會心一笑的小短片，我就曾經跟女兒一起觀看一隻貓咪被主人逗出貓掌反擊的有趣影片連看了五次以上，兩個人呵呵笑個不停。

短影音經濟，改寫了現代人的注意力長度，誰能奪得用戶的注意力，誰就能掌握經濟。如何能將一個高大上的專業知識給說得生活化，把一個艱澀的領域資訊說成大白話，還能趣味橫生，除了是一門學問，也代表我們把專業知識融會貫通後再萃取輸出，比起直接使用專有名詞，還要更為親民。

因為如果沒有經過足夠的內化，也沒辦法轉化成客戶有感且能夠理解的語言，還要說得饒富趣味，吸引對方注意，十分不容易。但也因為不容易，才能贏得客戶芳心。

「用」：用處對才能解決客戶問題

完全洞悉目標客戶的痛點，解決他的問題，化解他的焦慮，提供給他完整需求的解決方案，這真的是基本中的基本。

舉例來說，有次學員給了我一篇他撰寫的文章請我幫忙修改。他的受眾是工作三～五年內、期望財務更好、能存上一桶金的社會新鮮人，而這篇文章設定的主題是〈二〇二四新計畫〉。當然，這樣的設定沒有不對，也不是不好，只是每年都有，並不起眼；若能稍事修改，變成〈二〇二四新計畫：一年存滿一桶金〉，會不會更吸引人？

真正的價值是給懂得的人，所謂價值來自於讓對方覺得有用，所以那個「懂得」除了代表他懂你的價值，更重要的是：我們要理解受眾的需求與痛點。

★「品」：品質好才能提升專業信任

這裡所謂的品質好並不單指文筆才華帶來的內容品質，或是影音圖片的設計品質，而是我們提供的內容，對受眾來說，是否有足夠且恰當的專業素質與格局。

也就是說，如果受眾的專業理解程度在三十分，我們要給予的約莫是五十分左右的內容，這樣才難易適中。若內容過於艱澀則可能造成受眾難以吸收，也未必適合；專業度過低則無法使受眾對你的專業產生信任感，過與不及都不理想。

每一個知識型個人品牌的文章，大抵都有這種功效，所以引人追隨。不是只有知識和功能，而有情有趣、有用又有品。要做到這四大原則，除了要有足夠的人生智慧、充分的歷練風霜，還要是一個有人味的人，能夠共感，通常也代表了這是一個夠有厚度、夠豐富的人。

再者，也要有精準的目標受眾，夠了解這個族群，了解他們的每一個痛，了解他們的每一個癢，還要知道他們對什麼有感、所期許的完美一天想怎麼過，然後勾勒出那個情懷和畫面，這一切細細探究下來，絕對比知識提供和資料整理更不容易。

當我閱讀陳詩慧老師的《闖出人生好業績》、謝文憲憲哥的《極限賽局》、凱若Carol的《我在家我創業》，郝旭烈郝哥的《致富覺察》，甚至其他許多作者的好書時，都有一種情緒被牽引、被啟發、甚至產生源源不絕動能的感覺。感覺他們賦予了這些文字生命力，他們也把自己活成一道光，用生命影響著生命，這些都不單純只是功能價值，而是具備了豐富的情緒價值。

做一個有生命力的人，把自己活成一道光，除了提供給人功能價值外，也要記得！期許自己這樣一個個人品牌，要能夠給人情緒價值，而且是餘韻源遠流長的情緒價值，用生命影響生命。

案例分享

我曾受一家知名的保險經紀公司邀請，前往某個通訊處去協助該處的**明星業務**進行個人品牌經營輔導。業務們不只一次地跟我說：「經營個人品牌好花時間，我的時間很寶貴要用來開發業務」、「我不會寫文啊！寫文要花我好多時間。還不見得寫得好」。

我當時跟業務說：「第一、你不可能一直拼命跑靠雙腿跑業務，你只要挪10％的時間來經營個人品牌就好；第二、因為你只有10％不到的時間，所以你要用對方法寫文章，我們既然花了這麼多小時釐清了你最想專注溝通的對象，那就寫他們會有興趣的內容就好。第三、決定了內容議題，也清楚要溝通的對象，我可以設計一個寫文章的公式讓你照框架寫，應該只需要十～十五分鐘就可以搞定。

於是，在這一系列輔導諮詢課程的最後一個單元做現場練習時，在場的業務人員真的都只花短短十五分鐘不到的時間就能寫出一則貼文，稍做修改就可以發出，接著我只需要持續社群陪跑，多數業務學員練習到第三篇文的產出就幾乎完全不再需要我的修改，就能直接將文章內容發佈在自己的社群媒體上。

讓我感到欣慰的是，直到目前為止，這些原本抗拒經營社群媒體的明星業務們仍在持續產出內容，走在個人品牌經營的道路上。

只要找對方法，有邏輯有框架的去做規畫和產出，經營個人品牌其實並沒有想像中那麼困難。

？迷思小教室

我曾服務過一個律師個人品牌「市井律師 Bob」，這是一位很認真誠懇為客戶著想、能同理客戶的好律師。所以他接到的案件客戶通常會再幫忙轉介紹新客戶，而且客戶有極高比例是跟家事案件有關的女性。但他的 YouTube 頻道一開始卻沒能呈現出他能高度同理客戶的特質，雖然看得出他是個很認真誠懇的人，但感覺形象有些冷硬。

另外我也發現他寫的內容素材十分專業，實用度極高，但情感層次和趣味性偏弱。一方面因為他的個性在面對鏡頭時容易緊張，二方面嚴律師跟我說：「我怕我講得很同理，會讓客戶對法律或是我的服務產生過高期待，這樣不好吧！」

因此我們在個人品牌經營諮詢的過程中，做了很多討論和調整，我必須針對他可以接受和受眾會有感的這兩個原則下找出最適合的解決方案。

而除了針對發表的文字和內容做一些調整，同時還可以透過幾個元素去微調修整，也能創造出讓受眾感覺個人品牌有「同理心」的感受：

一、如果是影音素材，光線不要用白光，整體的濾鏡採取較為柔和溫暖的風格。

二、構圖中可以適當加上一些貼圖和點綴，或是拍攝場景選擇有植栽、柔和色調的窗簾等。

三、圖片影音的素材色彩盡量減少冷色調的使用。

四、有時候透過一些元素和光影的協調感，就可以帶給受眾用戶不一樣的感覺。

思考動動腦

我們試著用以下的公式，來寫一篇關於我的受眾、讀者、或是我的服務對象、客戶的故事吧！

括號內的部分請自行套用成該案例對象的輪廓。

透過實務練習，你會發現寫文一點都不難，只是我們把它想得太難。

Light 26 —— 寫文章：我的客戶案例故事

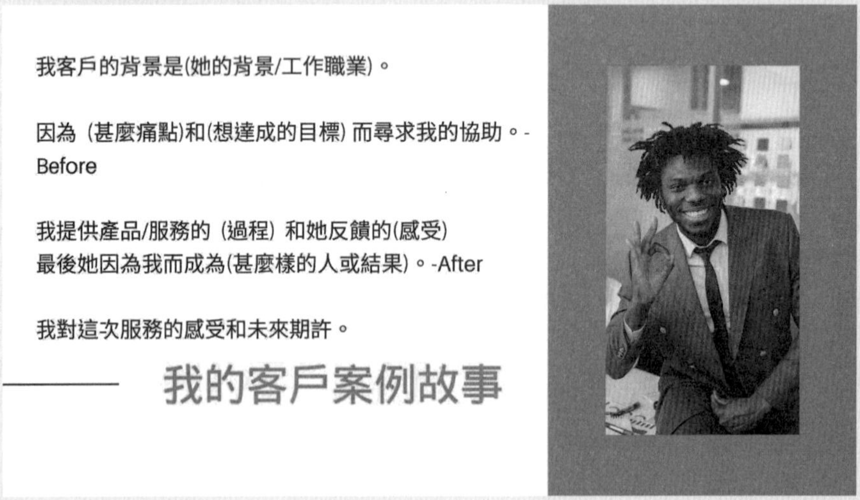

我客戶的背景是(她的背景/工作職業)。
因為 (甚麼痛點)和(想達成的目標) 而尋求我的協助。-Before
我提供產品/服務的 (過程) 和她反饋的(感受)
最後她因為我而成為(甚麼樣的人或結果)。-After
我對這次服務的感受和未來期許。
我的客戶案例故事

04 不要迷信流量紅利

關注變的，更要關注不變的。

——《認知破局》張琦

這是我很想要告訴大家的一件事，真的「不要迷信流量紅利」；真正應該重視的，是每件事情的本質。

需要觀察的除了時代的趨勢變化、除了每一個浪潮風口，最重要的依然是每件事的底層邏輯，也就是亙古不變的。關注時局的變化，很重要，因為我們都不希望在時代浪潮裡被淘汰落後；但關注不變的更重要，那些三年、五年、甚至十年不會變的東西，才值得投資時間精力在上面。

再來就是本質類的東西也非常關鍵，工具、手段和科技會變，但用戶需求、人性、「情趣、用、品」的內容邏輯，都不會變；我們需要時時提醒自己，戰略永遠比戰術重要，關注變的，更要關注不變的。這也是我希望透過這本書帶給各位的個人品牌經營底層邏輯和戰略規劃。

個人品牌，是把人當成品牌經營，一個品牌不會說變就變，不會今天優雅沉靜，明天活潑奔放，也不會今天說花香、明天討厭花。個人品牌要有自己的願景使命、自己的品牌故事、自己的中心思想。

個人品牌要把自己當作是一個價值驅動的專業人才，透過客觀的濾鏡來看世界，不會過度追隨社會觀感去討人喜歡、不會被不重要的慾望干擾、更不會過度盲目追逐，影響自己心智的清晰。

因為我們深知我是誰、我要去哪、所以我該做些什麼；我要對誰說話、他們需要什麼、我可以給他們什麼讓他們覺得有用而且有感。最終，再用這些風口上的工具手段去放大，讓一切發生得更有效益也更有效率。

我們永遠要知道本質是什麼，不變的永遠是受眾的需求和痛點，用本質和戰略前進，然後用未來的眼光看現在，讓時代帶來的趨勢商機去做加成。

短影音做不做？做啊！但我們要很清楚自己為何而做、有多少資源可做？

根本的原因清楚了之後，還要想清楚自己在上面要對誰說話、受眾的需求是什麼、要怎麼勾動他的情緒、勾動情緒後要做什麼行動呼籲（call to action）？每一個環節我們都得想清楚再去做，而不是一股腦地往風口衝。

要特別注意！雖然在風口上豬也會飛，但不明究理的豬是有可能被吹飛之後，跌得粉身碎骨的。

Chapter 5

五部曲：
持續鍛鍊鑽石五力

鑽石五力

我體認到取得進展的道路既不迅速，也不容易。

——首位獲得諾貝爾獎的女性，獲得兩次諾貝爾獎的第一人 居禮夫人

進入數位時代後，時代更迭益發快速，過去十年才是一世代，現在轉變成三到五年就是一個世代交替；近一年因為ＡＩ科技崛起，所有事情加速發生，幾乎可以說是要進入一年一輪替的時代，常常一覺醒來世界又不同了。短影音浪潮也是近幾年蓬勃發展的趨勢。

但是，我們是否知道這些所謂的「工具」對我們的定位、專業和未來規劃，意義何在？

很多人說有了ＡＩ，不用自己想內容議題，也不用自己產生內容了，個人品牌的很多事情都可以交給ＡＩ；很多人說短影音就是流量紅利，站上風口豬都會飛，好好學習拍短影音或是找人代操就可以有效增加流量和觸及進而變現賺錢。所有的工具都在追求速成、時間越短越好，因為我們的注意力越來越不集中，可分配的時間越來越零碎。

但是，我們也常常因此誤會了速成，一切的快速都可能讓我們變得目光短淺、短視近利。事實上，沒有任何仙丹妙藥可以讓收穫取得進展的道路變快，這些看起來快的進度，其實充滿著更為巨大且難以覺察的風險。

沒有任何先進科技會取代我們，只有比我們懂得怎麼使用這些科技工具的人會取而代之，所以我們得更大量的學習，擴張知識邊界，但也因此需要更懂得捨去分散我們注意力的干擾，分辨需要專注的關鍵，這些都很不容易，也都需要細心琢磨規劃。

更不用提處事心態：「事緩則圓」，偏偏在快速變動的環境下，焦慮提升，難緩也就難圓；心靜則定，偏偏外界紛擾，難靜也就不定；目長則穩，但快速變動讓我們對於未來的不確定感大幅提升，進而想要更看眼前，更短淺表層的看每一件事，目短則不穩，追求短期利益，而忽略了長期效益。

個人品牌並非不可能短期變現，但得面對的現實是，大多數人，我們得好好理解自己，設計適合自己的商業模式，找出屬於自己的獲利方程式，調整事業體質，把自己當一個品牌、一間公司經營，掌握長線思維，思考清楚自己的短中長期目標，也要規劃策略和戰略，穩穩地走出屬於自己的變現之路，進而讓影響力成為事業加速器。

任何工具都可以運用，但不要過度迷信，更不要人云亦云、盲目跟隨潮流，要清楚知道自己該要的是什麼、該學的有多少。每一個高手在做的都是減法，因為唯有專注聚焦才能成為高手，也才能把自己打造成閃閃發亮的品牌。

經營個人品牌是一條需要持續鍛鍊的道路，有五種能力是我覺得最重要的能力，也是經營個人品牌、把自己打造成閃閃發亮的鑽石品牌的**「鑽石五力」**：

一、擁有**「覺察力」**，我們能察覺自己的好與可以更好。

二、接著，用**「學習力」**補強補足，讓可以改善優化之處透過學習可以更好。

三、過程會有自我懷疑，也會有挫折，所以我們需要**「耐挫力」**去面對。

四、而這個優化自己、打磨自己的過程，需要的是**「續航力」**。

五、才能夠真正的讓自己成為一個擁有**「影響力」**的個人品牌，甚至帶動更多正向循環，讓整個環境和時代更好。

這是為什麼我想持續支持和協助個人品牌的原因，我想要讓台灣的環境更好、更豐富多元，讓更多人能做自己想做的和喜歡做的，同時也讓台灣有更多品牌被世界看見、讓台灣被世界看見，進而讓我們的下一代都能在更好的環境和時代下長大。

01 覺察力

面對自己犯下的錯，並以謙遜的態度向他人求助，這兩件事挽救了 NVIDIA 免於倒閉，這樣的態度對你們這些聰明又成功的人來說是最困難的。

（Confronting our mistake and with humility asking for help, save NVIDIA. These traits are the hardest for the brightest and most successful like yourself.）

——NVIDIA 輝達 創辦人 黃仁勳

覺察力的養成很不容易，甚至很多時候我們會不自覺的逃避自我覺察，因為自我覺察的過程通常讓人很不舒服，得面對自己的不足、面對自己犯下的錯，甚至面對很多不堪。但唯有培養出覺察力，才能使我們能夠公正客觀的面對自己的不足與缺點，也才能持續進步，把自己打磨成鑽石。

過去的我是一個非常害怕犯錯的人，所以過度努力，硬著頭皮要自己將所有的責任一肩扛下，但還是難免犯錯，事後感到非常自責，一旦錯誤發生，自己又想快速解決，最終雖然事情終究還是能夠圓滿收尾，但卻勞心勞力、耗能許多；更不用提埋頭苦幹，進步往往十分有限。

經過這幾年的自我覺察、省察，我漸漸學會坦然面對自己的錯誤，甚至當覺得自己處理不來，也懂得示弱，以謙遜的態度向他人求助，讓他人感受到被需要和尊重。

無論在人際關係也好，事情也好，反而能夠更水到渠成的創造自己想要的結果。藉由這個過程，我也整理出三個擁有覺察力的關鍵優勢。

✹優勢一：心理素質強大

擁有優秀的專業能力雖然重要，但擁有強大的心理素質更是不可或缺。尤其自我覺察的過程常常並不舒服，需要隨時面對自我的不足，甚至正視自己害怕或逃避的事，在在需要強大的心理素質讓自己得以面對。

因此，要擁有覺察力，很多時候也伴隨著需要擁有強大的心理素質，同時透過這個過程的反覆淬鍊，也更打磨自己的覺察力，不斷養成心理素質更為強大，彼此互為因果，使自己持續成長，面對個人品牌經營過程中可能的挑戰與挫折也更能坦然面對，同時，在與人異業合作的串聯上，也能更加順暢。

★優勢二：迅速自我調整

在生活中，最具影響力的成功人士，通常都能很快從錯誤中汲取教訓，渴望證明自己的價值且不求人施捨，勇於承擔自己的短處，並希望能在下一次機會中證明自己。

透過自覺、自省、自律，不斷快速調整，在自覺中保持自信與謙遜，才能在心理素質強大的前提下，同時對自己抱持一定程度健康的懷疑，從中覺察自己的不足，承擔短處，進而自省。自省後，很快從錯誤中汲取教訓，不落入情緒迴圈，而是接受情緒，理解並迅速調整。自律則是堅持持續累積，並且不貳過。

持續這樣的自覺、自省、自律，對任何事情都盡力做好、做到位，成就一個高價值高質感的個人品牌。

★優勢三：清楚自我定義

透過覺察力的提升，也能更認識自己，益發通透。一開始了解自己的過程並不舒服，因為的確得面對自己很多不足，但透過這個過程，對於自我的定義也會越見清晰，並且能慢慢擺脫社會價值觀所給予的框架，回歸自我本身。

同時，請試著告訴自己，我們本來就不是萬能，但透過覺察可以明白自己的無知，也了解了自己的不足，除了定義清楚自己的能力範疇，也能藉此更提升成長，這是件很值得開心的事，也才有機會琢磨自己成為更加閃閃發光的個人品牌。

02 學習力

學歷代表過去，能力代表現在，學習力代表將來。

——暢銷勵志作家　戴晨志

經營個人品牌，永遠得誠實面對自己的現況與里程碑之間的差距，利用各種學習方式去補足自身。方式沒有好壞，工具沒有優劣，適合自己的就是最好。但是，在知識的學習上，還是有一些可以提醒自己注意的事項。

保持自信的謙遜心態，正確且誠實的面對自我現況

日前閱讀了亞當・格蘭特（Adam Grant）的《逆思維》一書，對於書中提到培養能力和

重新思考的心態，十分有感，這樣的觀念也完全適用於個人品牌經營能力的學習上。

書中提到，紙上談兵和冒牌者症候群這兩種對自我能力評估的信心心態。

一、紙上談兵

紙上談兵是一種對自我能力的認知遠高於實際狀況，也就是所謂的「達克效應」[15]，通常越是知識不足和能力缺乏，越容易對自己的能力判斷錯誤，因為根本無從做「正確的判斷」，導致盲目的自負。用白話講，叫做「不懂裝懂」。這種狀況容易出現在無知，或落入專家陷阱中的人。

二、冒牌者症候群

冒牌者症候群則正好相反，能力大於信心，其實這樣事情的結果常常反而是好的，因為這樣的人通常會更努力、更認真工作，也是用功的學習者。

紙上談兵的人自信過度、自戀，對自我認知會產生誤區，是一種必然。但冒牌者症候群若套在個人品牌上，其帶來的結果我和作者的看法有些微不同，有別於學習和重新思考，冒

15　達克效應（DK effect）是一種簡稱，又稱為鄧克效應或鄧寧 - 克魯格效應（Dunning-Kruger effect），亦有人稱井蛙現象，是一種認知偏差，能力欠缺的人有一種虛幻的自我優越感，錯誤地認為自己比真實情況更加優秀。

牌者症候群卻也可能為個人品牌經營帶來無法前行的後果。因缺乏自信，覺得自己不夠專業，無法做好個人品牌，便可能連第一步都裹足不前。

適度的保持謙遜是好事，但如何不過度懷疑自己的能力，避免影響自己、相信自己能達成目標，則更為重要。「自信的謙遜」是一種良好的心態，能使自己隨時保持達成目標的信心，但同時謙遜地隨時警醒，對自己的不足保持實事求是的懷疑態度，以謙卑的心態歸零學習，讓自己精益求精，也才能在日益精準的判斷下，評估自己的現況，展開適合自己恰好的學習。

✸ 用真正的學習去打造個人品牌能力

這句話看似容易，但其實有很多細節；包括：

一、**什麼叫做真正的學習？**

二、**有哪些能力需要學習？**

三、**要用什麼方式學習？**

坊間那麼多書本和課程，到底怎麼選擇適合自己的素材加強自己？

自我覺察和自知絕對重要，同時也建議大家可以找顧問或是信得過的前輩進行諮詢。這幾年來我從輔導的學員客戶身上發現，人們對於這些問題常常會有盲點。大多數人覺得有閱讀或上課進修就是學習，但卻不見得有把學到的知識落實在工作和生活上。大多數人只有「學」，沒有「習」。

學，只是開始；習，才是重點。

「學習的終點不是知道，而是做到。」如果只是學而沒有去執行，光在腦中空想，很容易無法確保知識能否落地，也沒有辦法知道學得的方法，能否適合自己實踐在現實生活的真實問題當中，或者需要做調整才能適用。唯有去練習，透過不斷的執行、嘗試，同時帶著問題去重新學習、調整修正、再去執行，不斷的重複這個過程，才能夠真的做到學習。

「所謂致知在格物者，言欲致吾之知，在即物而窮其理也。蓋人心之靈，莫不有知；而天下之物，莫不有理；惟於理有未窮，故其知有不盡也。是以《大學》始教，必使學者即凡天下之物，莫不因其已知之理而益窮之，以求至乎其極。至於用力之久，而一旦豁然貫通焉，則眾物之表裏精粗無不到，而吾心之全體大用無不明矣。此謂物格，此謂知之至也。」

這是《大學》當中的一段話，強調除了學，更重要的就是透過實踐去融會貫通，才能夠格物致知，真正走到知識的頂點。

03

耐挫力

創造之後奔跑，不要緩慢行走。請記住，奔跑吧！要嘛是為了覓食而奔跑，不然就是為了逃離被當作食物而奔跑（run, don't walk，either you're running for food, or running from being food.）。當下往往你無法分辨哪一種情況，不管怎樣，奔跑吧！在你的旅程中吸取一些我的經驗教訓，尋求幫助，忍受痛苦和苦難來實現你的夢想，做出犧牲，致力於你的人生工作。

——NVIDIA 輝達 創辦人 黃仁勳

前行，的確是重要的。但為什麼而跑？用什麼跑速奔跑？怎麼跑？也是重點。

在現今數位科技蓬勃發展而益發快速的年代，越來越多人是不知所為而跑，中途可能因為鞋底磨破了、受傷了，也可能因為太陽太曬了或是遭遇風吹、日晒、雨淋，就停下腳步，甚至離開跑道。甚至在過程中產生許多自我懷疑，不確定自己為何而跑，又要跑到什麼地方去。

在這個過程中，耐挫力很重要，養成耐挫力才有耐力，也才能有續航力。而耐挫力除了抗壓性的養成，更來自於知道自己為何開始而跑。

我建議大家都能多問問自己以下幾個問題，因為當你知道自己的所為何來，就更能夠忍受任何挑戰。

一、你的夢想是什麼？

二、你願意為此做出什麼犧牲？

三、你能夠忍受多少痛苦和苦難？

四、你知道如何和跟誰尋求幫助嗎？

五、你願意吸取他人的經驗和教訓嗎？

六、你致力於你的人生還是他人的人生？

我們是自己人生的主角，故事主題是我們自己定的，我們應該要清楚為什麼自己展開這一場故事，我們的定位是什麼，可以是英雄，當然也可以是凡夫俗子。

如果想要走上英雄旅程，就不要在受傷時沉溺哀傷、演繹受害，下了一場大雨或是突然出現一個事故，就決定停止前進的，從不會是英雄。如果選擇平凡，也就甘於平凡，不用怨天尤人或羨慕他人為什麼擁有英雄般的璀璨人生，一切都來自我們的選擇；歡喜做，甘願受。

反覆問自己以上幾個問題，讓自己透過覺察力去發現事實，透過學習力去提升自我，遇到挑戰和困難時也擁有耐挫力去面對問題，進而成為自己想要的模樣。我們是誰，是我們自己可以決定的；我們想要的人生故事，也是我們自己寫的；我們的角色定位，是我們自己所定義；最終，我們想要的結局，也應該由我們自己決定。

但是，特別提醒！清楚自己的為什麼和想要什麼之後，也要清楚自己的界線與耐受度，有所犧牲縱然在所難免，但不過度犧牲；忍受痛苦同樣難免，但也不過度忍耐；因為過度的委曲求全和忍耐犧牲都使人無法長久，也不健康，身心健康永遠是走完這一趟旅程重要的資產。

過去的我就犯過很多次這樣的錯。我很清楚自己的為什麼和想要什麼，但沒有為自己立下界線，所以常常過度忍耐，接受很多我覺得根本不對等尊重的對待，過度忍耐與妥協。

過度努力從來都不是一個健康的狀態，尤其因為人生就是一場無限賽局，玩得下去才是重點，往前奔跑也要能夠跑得動、跑得到。所以清楚自己的界線與耐受度很重要，也才有辦法擁有「續航力」，有時候不是你耐力不足，而是你過度消耗了。

04 續航力

大部分的人高估他們一年內能做的事，卻也低估了他們十年內能做到的事。

——Microsoft 微軟　創辦人　比爾・蓋茲（Bill Gates）

這幾年我學會的是：慢就是快，穩才是好[16]。

因為個人品牌一開始通常是個人的斜槓經營，代表你同時有不同的工作身分，加上人到了一定年紀，所扮演的角色也變得更多。步調快速沒有不好，但能將工作與生活融合好，持續往前邁進，才是關鍵。

當然，台灣現今社會瀰漫著急功近利、什麼都要求快的焦慮氛圍，從小怕孩子輸在起跑點，出社會又希望升遷得比別人快，在一路追趕衝刺的過程中，要如何讓自己保持遠見，知道能持續下去比爭一時輸贏更重要，真的不容易。

要如何做到這件事情呢？我覺得有以下三個關鍵可以提醒自己：

專注：清晰自己想成為怎樣的人，打造自己的生活投資組合

你想成為怎樣的人？想活在什麼樣的理想人生畫面中？這些問題，在台灣的教育體制下，多數人常常答不出來；因為人們都習慣於凡事有正確答案，也習慣有人給我們正確答案，似乎沒有跟著前人走上標準流程，就很容易被判定為失敗者或輸家。尤其出社會後，我們成為優秀的上班族，也習慣接受任務指派，而不習慣為自己從頭開始設想該做什麼。因此，我建議我們應保持習慣，時常問問自己：

一、我的 Big Why[17] 是什麼？

二、我想成為什麼樣的人？

16 這段內容同步轉載於二〇二三年十一月十一日遠見雜誌網站。

17 指人心目中真正有熱忱的主要原因與動力。

三、我能替社會提供的價值是什麼？

四、我的故事是什麼？一位有魔法的導師，能施展魔法，引導一個主角—受眾，解決其遇到的難題（提供解決方案），創造奇蹟，帶來高潮。

五、我強烈的願望是什麼？讓你自己覺得起雞皮疙瘩，進而感動人心。

運用這五個問題反覆跟自己對話，進而找到自己值得專注的目標，成為想要的自己，活出理想畫面。

隨時記得自己想要的生活畫面，並與重要的所愛連結

清晰地找到自己想成為怎樣的人，打造自己的生活投資組合後，最重要的當然是「隨時記得」，想辦法讓這個畫面出現在隨時可見且唾手可得的地方。

由於整體社會的環境氛圍崇尚速效，也讓我們容易被短期目標吸引，透過短期目標短期變現，其滋味就如同馬上讓我們吃到甜頭的甜點，輕易得到滿足，儘管可能短期獲利跟長期目標有可能相違背，我們總還是難免被它吸引。

而且這個隨時可見和唾手可得的存在，必須跟你的重要關係人有關，可能是家人，可能是孩子，也可能是你自己或愛人。這也是為什麼前面在首部曲的目標設定中我會特別強調，要設定「具體、有感、可視」的目標，並且讓這個目標在自己隨時可見且唾手可得的地方。

我就有一個寫滿夢想的告示板隨時掛在電腦桌前，提醒著我想要的生活畫面，同時這些畫面跟我重要的家人與個人的自我實現有關，時時提醒自己不忘努力的初衷與目標。

★心懷策略，保持耐心，把生活當成實驗，把人生當成一段旅程

台灣的教育常把人訓練得太過短視，視短期目標為指標，來看待所謂的成功。上好大學、進好公司、往上升遷獲得一個漂亮的頭銜，賺進多少財富，這似乎就是眾人眼中的成功。若一心追求短期目標和社會價值觀所說的成功標籤，容易落入過度努力的地步，不斷追逐目標的過程當中也常常帶來迷失。

同時，因為社會觀感對短期目標的至高推崇，讓我們的容錯率更低，於是只敢做有把握的事，只走安穩的道路，最終因為嘗試不足而缺乏理解，因此變得無知，如此當然也難以做出真正適合自己的好選擇。

為什麼我們那麼害怕失敗？為什麼我們一直避免錯誤？到底什麼算失敗？怎麼去定義錯誤？

如果把一切拉長線去看待，隨著時間環境的變遷，何者算是成功還是失敗真的有辦法定義嗎？他人的成功雖難以複製，但失敗的經驗可以讓人學習借鏡，這些當下的「失敗」其實往往是最好的養分，讓我們得以知道想像與現實的落差，進而調整優化自己的步調，繼續往前邁進。

生活就像實驗一樣，非常多的變數與參數交錯，我們總試著設計每一場實驗，雖然成果可能不如預期，但最終要嘛不是得到，就是學到。進而有機會透過這些經驗累積，找到我們真實想要的理想人生畫面，探索出通往理想畫面的路徑。那麼，這些失敗還能算是失敗嗎？頂多只是通往成功的過程中的實驗嘗試吧！

我們不必看到整個樓梯，實際上也沒辦法看到整個樓梯，我們只需要邁出第一步：保持有策略的耐心，把生活當成實驗，把人生當成一段旅程。

記住！這是一場長期戰！不要用短跑衝刺的速度讓自己才跑第一圈就筋疲力盡，也不要在目標上有過多的比較心態，落入滿足社會期待的窠臼之中，甚至使不必要的賭氣過度消耗自己向前的動能，最後不得不棄賽。

我們常常高估一年內能做的事，卻低估了十年能成就的功業。而且，千萬不要讓那些放棄夢想的人，說服你放棄追求自己的夢想。

因為所有的未竟之事都只是「到目前為止」和「現在尚未達到」；我們永遠不知道，也許在下一刻你就能實現夢想，走到你想要的畫面中。但正因為未來充滿未知，人生才會如此饒富趣味。有策略的保持耐心，把生活當成實驗，把人生當成一段有趣的旅程，為自己找到穩定的續航力，也更能有所提升。

05 影響力

個人品牌是指當你離開現在這個職位時，別人所談論的你。

——Amazon 亞馬遜 創辦人 貝佐斯（Jeff Bezos）

《影響力是你的超能力》[18]書中說明，所謂的影響力，就是影響他人，讓別人接受你的想法與觀點的能力。通常，善良的人不喜歡刻意去影響他人，因為他們不想操弄任何人；而擁有小聰明的人則比較可能誤解影響力的運作方式。

但事實上，影響力指的是用一種以別人所樂於接受的方式，改變他人思想行動好惡的能力，這點與「個人品牌」在社群上經營一個人設（人物設定），其實是不同的兩件事。偏偏在這個自媒體時代，這兩者似乎常常被混為一談，甚至因為打造人設較為容易（畢竟將個人品牌經營到具備影響力的程度，需要投注無數的時間和心力），所以總是有人錯將焦點放在打造特定的人設上，而忽略了用心經營、按部就班的打造個人品牌的影響力。

用品牌思維把自己當作個人品牌來經營，可以無形中優先得到一些影響力作為回報。比如說增進親朋好友或網友受眾對我們的認識，進而帶來知名度和情感連結，接著使受眾對我們所發表的內容產生黏著度和喜愛偏好；持續累積之後，則可以吸引身邊理念相近的人對個人品牌產生認同，甚至願意為品牌所發表的言論改變自身的行為模式，最終還有機會產生與受眾之間的商業行為，帶來變現。

這是一個必須心懷目標但不能過於目的導向、需要有規劃路徑但不能意圖設計他人，同時每一個環節都需要精心打造的過程。

所以，個人品牌最底層的邏輯在於我們是不是一個真誠而且可信任的人。畢竟「欣賞一個人，始於顏值，敬於才華，合於性格，久於善良，終於人品。」經過長期的堆疊，每一個細節的累積，帶來的影響力也相較深遠長久。

如果你能讓自己就算離開一個工作崗位，仍有人持續在談論你，而且談論的內容跟你的定位、專業和提供的內容有關，不論好壞（相信我！不可能所有人都喜歡你，放棄吧！），

18　《影響力是你的超能力：耶魯熱門課程，解鎖人際影響的心理運作，自信開口、聰明談判，讓人一口答應你》是作者 Zoe Chance 以吸引耶魯大學全校學生搶修的管理學院最熱門課程為基礎所撰寫的暢銷著作。

只要你獲得的正面評價占多數，代表你已經有成為他人談資的價值，也代表你有了初步的影響力，影響了他人「談論」的這個行為。

接著我們就得「強化」自己的影響力。透過影響力的影響幅度，來判斷自己的影響力是否有持續增長。

★線下

我們可透過個人品牌被談論的頻率與次數來判斷自己是否有為他人帶來積極影響，並為影響他人的行動帶來特定效果、甚至成果，最終甚至產生漣漪式的影響：

透過打動「領域專家」或「第三人」，再擴散影響至更外圈的他人。這當中若能影響到特定領域的意見領袖，所帶來的後續漣漪效益擴散會非常驚人。

或者，我們可以採取相對複雜的影響力攻略，試想自己所期待的商業成果，以商務合作的方式，為個人品牌帶來聯盟關係，甚至幕後的支持。

最終極者，甚至可以形成一連串的商業行為，帶來商業價值，完成個人品牌的商業閉環，達到事業目標。

✦ 線上

線上的部分，則是可以透過社群平台發表內容的觀看數、互動數、觸及人數、轉分享數和所能觀察到的社群後台數字指標，去做較為客觀的評測；我們甚至可以使用GA4（Google Analytics 4）[19] 去埋code，了解每一個自己所設定的頁面或動作的來源及轉換率、目標受眾在每一個頁面所停留的時間和跳出率，都能仔細分析，看自己在用戶每一個線上行動的環節還可以怎麼優化。

身處在這個數位時代，我們在線上的每一個動作和軌跡都可被記錄下來，這些當然不只是單純的數字紀錄，而是可供確切分析洞察的具體「數據」，讓每一個數字都是你未來策略規劃的依據。

19 ｜GA4是一種google所提供的用戶網頁行為追蹤分析工具，可同時從網站和應用程式收集以事件為基礎的資料，進一步瞭解消費者歷程。

Light 27 影響力公式

影響力
＝（信任 × 連結）^{社群力}

- 質化：信任、連結
- 量化：社群力＝人氣力＋擴散力＋互動力

影響力公式

不管線上或是線下，我自己歸納出一個影響力公式（圖27）提供大家參考，包含了質化部分的「信任」與「連結」，也包含了量化部分的「社群力」，也就是「人氣力」、「擴散力」和「互動力」。

雖然線下的部分難以觀測到具體的量化數字，因此我們得仰賴質化數字；線上的部分比較容易觀察到量化，質化的部分就可以當作參考。

信任和連結彼此加成，沒有信任就不具影響力，沒有連結當然也很難產生影響力；而社群力則是拿來放大效益，甚至能達到指數型放大的程度，所以放在次方。以下我將針對這幾個指標來進行簡單的說明。

指標一　信任

通常我們對人產生信任是基於以下三項條件：一、因為此人具有完成事件需求的能力，讓人相信他能做好此事；二、此人具備真誠正直的品德與良好的工作態度，以及三、相信此人將抱持善意，不會因為一己之私去惡意破壞事情結果。

但是，上述三個信賴的要件常常需要歷經長時間的相處和觀察才能建立。最近我閱讀了瓊・李維（Jon Levy）的著作《影響力法則》[20]，從行為科學的角度，提出了能加快互動的雙方彼此產生「信任」的方法。我也根據書中所述，統整如下：

一、信任感轉手：

這個狀況常常在現今社會出現，也就是所謂的「轉介」。經由信任的對象轉介，就可能因對介紹人的信任而持續將信賴感轉嫁到他所介紹的人事物上，延伸既有的信任效果。

信任感轉手的這個方式，也讓我們得以運用在日常生活中，用來觀察一個人常往來的社

20　一專精於改善企業行銷、銷售、消費者互動及內部文化的行為科學家瓊・李維，中文版著作《影響力法則：建立信任、連結和社群意識的藝術You're Invited: The Art and Science of Connection, Trust, and Belonging》於二〇二三年由天下文化出版。

群友人，藉此判斷其是否值得信賴。換言之，如果我們想獲得他人的信任，也必須慎選自己的交友對象。

二、儀式感建立：

運用「入會程序」或「共通守則」等儀式的象徵意義，也可以營造出「我們是一夥的」之歸屬感，進而強化彼此信任。例如現在常見的協會或是商會組織，大多是運用入會程序營造出會員的歸屬感，衍生出基本的信任感，或擁有彼此的共通守則和標準，用來擬定信任機制，以供成員判斷。

三、革命性情感：

藉由眾人一起完成某項任務，從過程中彼此的互助合作，進而促使幸福荷爾蒙催產素的分泌，有利於人們建立緊密關係，產生信任。

上述三項條件，通常以前兩項較容易達成，後者則必須經過具特定意義的事件才有辦法完善。

套用到個人品牌上，信任感轉手就類似於個人品牌間的彼此合作換粉，就是借用合作對象粉絲對其之信任感期待粉絲愛屋及烏；儀式感建立則仍多用於商會社團組織，或私領域經營，為粉絲創造一種尊榮的歸屬感，同時提升與我們的進一步連結與信任。

指標二　連結

連結的部分則可分成虛擬連結和實際連結。

一、虛擬連結：

所謂的虛擬連結，諸如能建立起對方和自己的相似性。舉例來說，我們常常聽說，在業務溝通的過程中，若我們模仿互動對象做同樣的動作，比如說她摸眼鏡、我們就摸摸臉頰；她再摸一次眼鏡，我們就再摸一次臉頰，透過創造相似性來拉近彼此的關係。或者有時也可找出彼此的共通點來創造連結，例如在兩位媽媽之間，小孩永遠是最好的共同話題，透過針對共同話題交換意見，就能較輕易的創造彼此的連結。

再來有一種虛擬連結，是品牌最常做的，那便就是運用廣告和媒體，讓人覺得常常看到它的存在，進而讓受眾用戶在不知不覺中因為熟悉而將這個品牌列入選擇清單當中，等到有一天需要這個品類時，就有可能選擇購入。舉例來說，早期因為克寧奶粉不斷投放廣告，使「克寧奶粉讓你長得像大樹一樣」的廣告詞琅琅上口、記憶深刻，當有天我們走入賣場，想要購買奶粉時，就有機會想到「克寧奶粉讓你長得像大樹一樣」，進而購買克寧奶粉。

或者是近期有影響力者發起創作者日更活動，或是品牌主要關鍵意見消費者（KOC）發佈同類主題貼文時使用特定的主題標籤（hashtag），這都是在創造同質曝光，讓我們在社群媒體上會不斷重複看到同樣的關鍵字眼，進而引起注意，這也是在創造虛擬連結。

所以我也會建議個人品牌客戶，可以在擬定自己的定位後固定使用 hashtag 一次次重複溝通，就像投放廣告一樣，最終會在受眾腦中留下印象。

二、實體連結：

實體連結就相較單純，距離越近，就容易產生連結。舉例來說，遠距離戀愛為什麼難以維持？因為距離超過五十公尺一段時間，很難見面就會感覺對方跟自己聯繫的關係程度下降。這時如果身邊有另一個異性天天出現在你十公尺內的距離，不斷常常曝光，還跟你有相似之處，動不動投其所好的對你好，那麼就非常容易與你產生連結，進而拉高他對你的影響力。

指標三　社群力

社群力可以分成三種，分別為：人氣力、互動力、擴散力。在此詳述如下：

一、人氣力：

代表你讓受眾能夠產生忠誠度的行為能力。比如說，你是否能讓人追蹤、訂閱關注你的個人品牌社群平台，或者甚至將你設為最愛，希望搶先追蹤你的一舉一動……這些都是一種個人品牌人氣力的展現。

二、互動力：

這是指因為內容資訊，讓你的受眾對象跟你產生互動的能力。比如說粉絲對你的貼文按讚、留言、按表情符號，甚至有時透過某些平台的打賞等相關功能，可以對個人品牌所發表的內容給分評價。

三、擴散力：

讓受眾願意將你所提供的內容轉分享到你個人品牌社群版面外的其他可能受眾面前，有機會觸及吸引更多追蹤者和粉絲外的陌生群眾，讓你個人品牌的內容具備讓更多人看見的能力。舉例來說，不論是透過粉絲將貼文轉分享給親朋好友，或是把連結貼到外站，都是一種擴散力的表現。

想具備人氣力已經是件不容易的事，因為要讓人「願意看」你；除了願意看，還要願意對你的內容產生互動，所以互動力又比人氣力更難一些；甚至還要覺得你的內容說得很棒，願意幫你分享，帶來擴散力，實屬大不易。你必須得非常非常了解你的目標客戶，洞悉他深層的需求和痛點，打動他的內心，創造他超有感的價值。個人品牌長期以來一層層的堆疊累績都不簡單，這都需要靠本書前述個人品牌經營的所有環節之精心打造和堆疊累積。

Epilogue

最終章：
讓自己成爲發光體

01 六大變現模式

我們平時看一個人忙來忙去，都在辛勤工作，但是他背後的心智模式可能是不同的。有的是在和世界做交易，有的是在給自己做投資。最後的結果之所以不同，其實取決於心智模式的差異。

——《邏輯思維》 羅振宇[21]

個人品牌經營，透過以上五部曲，能讓我們把自己打磨發亮；接下來到了最後的分水嶺，視你個人喜好，看是將閃閃發亮的自己打造成單純的內容創作者，或是走向商業經營，成為一人公司。

若是單純的內容創作者，不見得要透過自己的個人品牌有商業行為，純粹是透過自媒體發揮個人的影響力，透過自己的創作豐富這個世界，啟發更多人。

另一種則是走向商業模式，將個人品牌變現，從影響力進入到變現力的階段，後續在個人的影響力持續提升下也會加快加大變現力的躍進，變現力的提升又回扣影響力，開始一人公司的商業路徑，甚至進而成為一個中小企業事業體，持續發展。

前面所提的五部曲所提及的個人品牌經營內容，大抵對單純的內容創作者已經足夠，但如果想進一步變現，我將在這一章提供一些基本概念。

針對個人品牌如何變現，我歸類了六大類型（如圖28）：流量變現、內容變現、事業變現、IP變現、專業變現和商品變現。

21 羅振宇，中國KOL，二〇一二年底創業，打造知識脫口秀節目《羅輯思維》走紅，現為思維造物董事長，「得到」APP創始人。

Light 28 —— 六大個人品牌變現模式

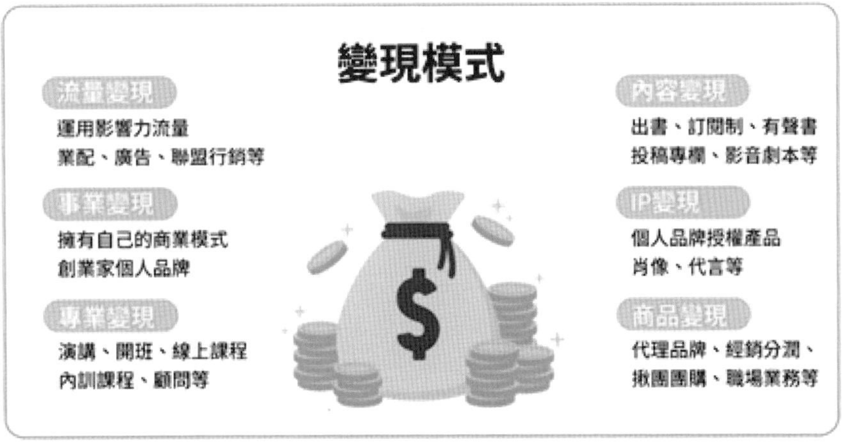

★變現類型一：流量變現

運用網路流量聲量的影響力，進行業配、廣告、聯盟行銷等一切跟流量有關的安排，藉由網路流量獲取曝光，然後領取收益。網紅、網路意見領袖（KOL），甚至關鍵意見消費者（KOC）就是藉由這樣的方式獲利。但目前其成功的方程式仍不明確，很多人是搭配熱門議題、時事和吸睛爆款的操作而走紅的。

如果個人品牌本身沒有明確的商業模式，但仍想要變現，利用流量是一個很好的方式。但請務必慎選業配、廣告和聯盟行銷的合作對象品牌商家。

進行業配合作一樣得將自己視為品牌經營，因此首先必須考慮的是這項合作能否為自己的個人品牌資產加值，以下是幾個可以參考的評判標準：

標準一　觀察廠商品牌的定位和自己是否相符

這個動作，一方面是為了確保自己的影響力可以充分發揮，也讓廠商得到效益價值，留下良好口碑，進而帶來後續其他商業合作的可能性。因為同樣的定位代表雙方的受眾對象應該很相似，所以透過聯手合作應能同時為雙方創造更大效益。

二方面也是能為彼此的品牌互相導粉，有機會彼此提升，創造更大的品牌價值。

所以觀察你的個人品牌與合作廠商是否瞄準同一群受眾，甚至同樣藉由不同方式去解決這一群受眾的痛點，是很重要的第一步。

標準二　廠商品牌的形象風格，是否和自己的個人品牌調性相合

確定定位相符後，接著可以去觀察這個廠商品牌的行銷操作，包括社群版面的設計風格和廣告調性給人帶來的感受。這個步驟並不需要真的很懂行銷，也不用了解廠商的行銷策略布局，只要單憑感覺比較合作品牌所呈現的風格調性是否和自己的個人品牌屬性相符。

我就曾有一位前來諮詢的個人品牌客戶，遇到一個文創廠商來找他合作，但這個文創商品的風格較為性感強烈，社群版面用色搶眼鮮豔，而這個客戶是個優雅內斂的藝術家，個人品牌自媒體版面上多半是心靈和藝文議題，兩者就像是一個柏拉圖主義的男人遇上一個肉食主義的女性，怎麼想都覺得感情生活無法協調，搭在一起就是覺得奇怪。

標準三　廠商商家的誠信商譽

若我們以品牌思維去看待一切事情，就會將狀況看得更為全面也更加長遠。廠商商家跟

我們合作的確會帶來收益，但真正重要的仍是品牌長期的資產累積。如果這個合作廠商的誠信商譽有待商榷，貿然合作甚至使自己陷入道德風險和公關危機，未來可能影響粉絲對我們的信任，有損個人品牌長期累積的資產，因此我建議，千萬不可因一時的利益而選擇合作，因為這樣的短視雖然能為我們賺到這一筆收入，但後續的損失可能更大。

標準四　廠商商家互動過程的專業性

我自己十分看重這一點，因為魔鬼通常藏在細節裡。

一方面我們得觀察這個互動過程，廠商窗口開口是否具備基本的商業禮貌，想跟我們合作是否真的做過功課，還是只是廣灑名單，在在都牽涉到對方的商業成熟度。

接著檢視方案的明確性，以及對於彼此合作流程的規劃完整性，這樣一來代表後續我方承擔的風險會較低，二方面也代表廠商對這次合作的尊重程度。

如果對方根本不在意自己這個過程中的專業是否會影響他自己的品牌觀感，那麼我合理懷疑這個品牌主應該也不會太在意合作方的個人品牌資產。

品牌是透過所有跟受眾用戶接觸的所有環節，每一個接觸點給予的識別、創造的峰值體驗、以及每一個商業環節的設計，如果用這個定義去看，互動過程也是品牌與對象的接觸點，所以我自己會很在意。

標準五 多體驗，多詢問周邊朋友，並觀察市場評價

當以上四點都評估過，決定要進一步合作前，如果商家願意，我通常會希望先行體驗，因為我很在意自己的品牌資產和受眾對我專業的信任度，如果不是真正夠好的商品服務，我也很難真心推廣，這都是受眾感受得到的；我們必須用心的對待對方，對方也才會用心的對待我們。所以，對自己推薦的課程商品，我通常是仔細到近乎龜毛的程度，像是出版社或者作者們請我幫忙推薦書籍，我通常也一定會親自看過，真實寫出我的心得感受。

再者，可以多詢問周邊朋友並觀察市場評價，合作的廠商不一定得要是大品牌，因為從一開始堆疊影響力的過程中，尚未壯大的我們可能也未必能收到知名品牌方的合作邀請。只要廠商是一個評價優良的好商家，也是一個有理念的品牌，誠心的合作能讓彼此加分，並且有機會創造共好雙贏。

★ 變現類型二：內容變現

想用內容變現，必須先產出有系統的內容，例如出版實體電子或有聲書賺版稅、寫專欄賺稿費、推出訂閱制內容賺取訂閱費，這些都需要個人品牌持續產生有價值的內容，而且是讓受眾有用有感，願意花錢購買的內容。

關於這方面的細節，市面上有非常多寫作陪伴教練，可供諮詢他們如何進行專業內容的產出，諸如我自己非常欣賞的《知識複利筆記術》作者朱騏就是一位很細心實在的寫作教練。

如果要選擇將內容出版，也可聯繫出版社和媒體做好準備，並寫好完整的企劃，清楚說明自己出版的起心動念、對象受眾、出版物的獨特價值與賣點，使出版社認同這樣的作品值得合作。

我會選擇匠心文創做為我這本書的出版商，一方面是在自己經營個人品牌的一路上受到負責人貓眼娜娜很多的支持與協助，在我還在外商公司工作時，她就給了我很多的專業建議；二則是借重貓眼娜娜在出版和媒體領域豐富的經驗，足以提供我這個階段個人品牌所需要的扶持和協助，持續塑造打磨，將個人著作當作我個人品牌的其中一個產品，甚至是行銷工具。所以此次我將首本著作付梓出版交給匠心文創的貓眼娜娜，讓我十分放心。

當然，市面上也有很多出版社，甚至標竿性的大型出版集團，大家都可以依據自己的需求及個人品牌發展的階段與狀態、想要發表的主題、後續希望帶來的行銷效益等等，做出最適合自己的選擇。

★變現類型三：專業變現

以自己的專業變現，常見的方式有：演講講座、實體或線上課程、企業內訓、一對一顧問、教練指引或陪跑等。這個類型既然稱之為專業變現，就必須得累積自己的專業，並找到對的渠道。

例如跟管理顧問公司配合，或是相關領域專業的經紀公司。我自己二〇二三年開始是台灣第一家、也是目前最大的職人經紀公司——秝芙職人經紀公司的股東，經紀公司裡面有四十位以上的職人。經紀公司老闆會協助職人們做專屬的策略規劃，也會量身打造設計創新商業模式，目的就是讓職人們的專業有機會變現，這類型經紀公司的存在也正是身為專業職人想用專業變現的重要幕後推手。

針對具備特殊專業的專家職人，我在這要特別提醒一件事：注意受眾輪廓以及他們在此專業領域的知識程度，並同理和理解受眾為什麼會來到我們面前，以及他們期待被解決的痛點，採取受眾所能理解的語言和能得到其共鳴的方式傳遞專業，並且同時要注意受眾對象的反應與情緒和注意之所在。

我遇過很多專家，本人的知識非常淵博專業，但在傳遞的過程中，無法將內容轉換成受眾或學員能夠理解的語言，這時受眾除了讚嘆專家的厲害，但卻無法將接收到的資訊記住、當然也用不了，因此當然也就缺乏共鳴，而造成無感，這樣的受眾不會成為這位專家的追隨者，更不可能產生職人期待的口碑傳播。

我也遇過很多專家，在一堂課程裡塞給受眾學員過多知識，提供了滿滿的講義，使人頭腦發脹，但實際上一回家還是什麼都記不住、當然也不會用，所以自然就沒有感覺，一樣很難產生口碑效益，頂多只能跟身邊的人分享課程十分充實，但當身邊的朋友仔細詢問學到的內容時，卻什麼都回答不出來……這同樣不是很好的課程教學方式。

最好的專家，專業內容是根本，但除了自己的口語表達和過程的設計呈現，還得關注「學員受眾的反應」，專業內容、自己和學員，三位一體，都得兼顧。

★變現類型四：IP變現

這個方式有很多藝術創作的個人品牌予以採用，用自己的IP授權產品聯名或是代言。

舉例來說，像早期的圖文創作者彎彎、馬克、醜白兔等等都是，種類包含卡通動漫、影視綜藝、電子遊戲、肖像授權、藝文相關、潮流時尚和名人等等。台灣目前有些IP授權專業公司，旨在促進手創者與組織交流與商業變現，也都是IP變現很指標的企業組織。如果你對個人品牌變現的規劃與IP變現有關，我鼓勵你能找機會跟這些公司組織學習請益。

如果想進入這種變現模式，通常被授權的廠商會重視以下三點：

重點一　商業品牌與IP的匹配度

這個考量點跟做流量變現時個人品牌與業配廠商的匹配度一樣，要觀察定位是否相符、受眾是否高度相似、風格形象調性是否一致。甚至因為會去思考IP聯名和授權的商業品牌，通常運營規劃相較完整，也會看未來的走向規劃去思考要運用哪個IP去加成品牌資產，甚至加速品牌的營收與發展。

重點二　IP創作方的設計能力

因為這個類型變現方式所匹配的廠商，通常也有一定規模，對於商業規劃相對完整成熟，所以會特別在意IP創作方的設計能力是否強大、可相互借力，因為品牌看重的是長期發展，品牌主通常不會希望品牌聯名的ＩＰ一直變更，品牌行銷的策略不斷變動。

再者，行銷就像吃保健食品調整體質一樣，「不能停、不能減、不能一直換」。所以，廠商會在意，品牌接下來規劃的方向是否跟ＩＰ創作方一致？品牌壯大發展的過程所產生的各種消費者情境脈絡，ＩＰ創作方的設計能力是否能滿足？再來，這位ＩＰ創作方是否也跟品牌一樣在意品牌資產並會持續成長？

重點三　ＩＰ聚眾粉絲的影響力

ＩＰ變現是個人品牌者想要運用被授權的廠商去做商業變現，因此ＩＰ創作方也要提供價值給品牌廠商，而這個價值就是ＩＰ聚眾粉絲的影響力。這點也是品牌廠商在選擇ＩＰ的時候最常也最優先考慮的必要指標。

★ 變現類型五：商品變現

這類型的變現模式也是一種來自流量但個人品牌未必有自己商業模式和事業的變現模式。但是因為通常比流量變現需要更多商業思維去做選擇，另外，也需要評估他人擁有的品牌和商業模式是否適合你。這種類型的個人品牌雖然擁有商品去做推廣，但品牌不是自己的，包含：揪團團購、微商代理、經銷分潤等都歸類在此分類。這類型跟營銷有關，也有四類風險需要評估：

評估一　資金風險

相較於事業變現需要創業動輒要六位數以上甚至百萬的啟動資金，商品變現因為品牌和商業模式不是自己的，通常啟動成本較低，機會成本也低，但仍舊需要評估經營者自己的口袋深度。

比如揪團團購的批發商是否要求你要先囤貨？微商代理的制度大中小盤的進貨成本是否符合你的資金狀況？等等。

評估二　市場風險

市場風險的評估在各種變現模式都很重要，但是在商品變現和事業變現兩種類型尤其要緊。商品變現非常取決於個人品牌選品的能力，所以要隨時關注市場慾望，跟緊趨勢，評估市場性。這方面除了需要商業思維，常常也需要有試錯的勇氣，不做不知道，做了才知道，輸得起就好。

評估三　知識風險

你不會明白你所不知道的領域，唯有知道了，才能擁有更多選擇，先從自己熟悉的產業領域和商業模式開始。

比如說，若你選擇了微商代理合作，請仔細審慎的了解其制度和商業模式，而不是只看重自己能從中賺到什麼獲利，也要考慮合作廠商怎麼從中賺到錢。不賺錢的生意沒有人會做，不要單純相信創辦人多有理念、多想助人，再好的理念都需要存活，如果看不到這個商業模式的變現方法，代表我們不夠了解，也代表這個獲利變現可能藏在我們難以洞察的隱諱之處。

也就是說，這個風險我們無從評估。不要碰自己不懂的東西，過高的知識風險，通常隱含著危險。

評估四　道德風險

很多這種類型的變現方式，會有業績目標和壓力，或是業績會每月歸零、無法累積，在需要不斷開發客源的狀況下，就會讓人不自覺將壓力轉嫁到親友身上，或做出推銷的舉動。

再來，不要碰觸看不懂怎麼運轉和營利的商業模式，其中潛藏的道德風險通常也很大，商業的底層邏輯都是種價值交換，也就是交易；魔鬼藏在細節裡，而跟魔鬼交易往往都得出賣靈魂。

變現類型六：事業變現

這部分，是我自己最有興趣也不斷鑽研的變現模式，因為會動到很多策略和商業模式的運營設計。操作的與其說是個人品牌，不如說是商業品牌和個人品牌的整合，商業品牌的事業為主體，所以商業品牌的規劃、運營、財務數字、策略布局和人員管理，是重要的；事業品牌的邏輯框架較為複雜，我就不在這邊詳述。

而個人品牌只是作為當中的一個行銷工具，因為透過創始人個人品牌可以傳遞商業品牌的願景、使命與核心價值觀，甚至透過受眾對創始人個人品牌的認同，可以強化雇主品牌，提升受眾尤其是年輕人對該企業的偏好度幫助公司組織的選育用留。

舉例來說，NVIDIA輝達創辦人黃仁勳先生、台積電創辦人張忠謀先生、總裁獅子心的嚴長壽先生、裕隆集團的嚴凱泰先生等等，尤其新一代的品牌創辦人，通常都清楚需要建立自己的個人品牌，因為在新創的開始，個人品牌所耗費的資金資源較低，可以透過個人品牌賦能商業品牌，隨著事業體長大則可以逐漸運用商業品牌的行銷邏輯去操作。

這部分是我多年在外商和企業品牌顧問的專業，同時因為我這幾年透過個人品牌有辦法穩定服務企業品牌客戶，並建立長期有意義關係，所以我自己是結合事業變現和專業變現類型的個人品牌，這個族群也同樣是我最大宗的服務對象。同樣，一部分也是因為我希望透過支持更多台灣的中小企業和一人公司，幫助台灣創業環境更正向多元豐富，讓人人都可以做自己想做的、真心喜歡做的事情，得到自己想要的目標，進而讓台灣透過這些事業品牌被世界看見，讓我們下一代都在更好的環境。

每一種變現模式沒有是非對錯，更沒有優劣好壞，端看你的定位和受眾、你對自己的目標設定和規劃，以及你擅長的、熱愛的、可以持續專注的，回過頭去選擇自己適合的變現模式，有可能只選擇單一種方式，也有可能混搭幾種類型，甚至藉由不同的組合創新成新的變現模式。

案例分享

小隻女孩（IG 帳號：@tinygirl151）是朋友介紹給我們認識，後續找我諮詢的知名個人品牌。我坦白說，我們認識的時候她已經是個擁有一．四萬粉絲追蹤、小有名氣的 IGer。

只是當時她遇到一個狀況，她的追蹤者多半是社會新鮮人，而她剛到一家知名外商獵才公司工作，服務的是外商的中高階主管，公司很支持她有個人品牌事業，不得不特別誇讚一下這家公司的遠見，能夠做到這件事情的公司很不容易，但也唯有能做到這一點的公司未來才能留得住年輕優秀的人才，因為接下來勢必是個人品牌的大時代了。

小隻當時的本業和個人品牌兩者間的受眾有些落差，因此她的訴求是希望個人品牌也能夠幫助到公司，並且把受眾調整到有五年以上工作經驗的族群身上。這件事比從無到有建立個人品牌還要困難，因為不能讓小隻掉粉，但又得讓受眾稍微做移轉，使重新調整過的個人品牌能夠稍微整合她的本業和個人品牌事業。

於是我們討論再三，擬定了新受眾有興趣的議題和品牌定位，以分成三個階段的品牌定位、風格和內容議題去做調整，連內容素材的風格和排版、用語都一一進行討論。在這個過程中也不能忽略隨時呈現的後台數據，每一步都得小心謹慎。終於讓她在三個階段的實施後，順利的完成風格調整。

搭配小隻和同樣為知識型KOL的合作，使她在六個月內從一・四萬粉漲到了二・二萬粉；接著，我們針對個人品牌的事業模式來討論長期的合作，還有她當下的事業和人生階段討論，去做六種變現模式和本業的搭配，不能影響到本業，還能加成到本業，並且做好短中長期規劃，以十年為計。

這個過程進行到目前為止，她的粉絲持續增加，截至我寫書的這個當下，已經是個二・六萬粉追蹤的 IGer。她是我十分引以為傲的個人品牌案例。

思考動動腦

一、你想選擇哪幾種變現模式？先選一～二種就好。

二、去觀察你的 role model 做的變現模式是否有這一～二種，有的話觀察他怎麼做。沒有的話，則去了解這一～二種變現模式在你的領域可以怎麼做？

Light 29 自己想要的變現模式

	問　題　Q	答　案　A
1	你想選擇哪幾種變現模式？ 先選一～二種就好。	
2	觀察你的 role model 做的變現模式是否有這一～二種。 ・有的話觀察他怎麼做。 ・沒有的話，則去了解這一～二種變現模式在你的領域可以怎麼做？	

02 事業品牌行銷漏斗

像專業人士一樣學會規則，然後才能像藝術家一樣打破它們。（Learn the rules like a pro, so you can break them like an artist.）

——西班牙知名藝術家 畢卡索（Pablo Ruiz Picasso）

坊間很多個人品牌顧問或教練只將輔導重點放在自媒體經營。的確，自媒體是個人品牌打造過程中很重要的一種行銷工具，因為相較成本較低，而且對個人來說比較容易創造出效益。

但經營個人品牌從來不只等於自媒體經營，經營自媒體頂多算得上是事業品牌行銷漏斗最上端的一個項目，能為個人品牌經營者提升知名度和增進被目標受眾列入考慮的機會，也是有利於個人品牌提供後續服務使更多人認識個人品牌的一個行銷工具。

所以我們該學習的是個人品牌經營的「規則脈絡」，一旦學會了這項規則，了解品牌經營的底層邏輯，就可以讓個人品牌經營成為一項藝術，而你就是那個藝術家。

所謂的事業品牌行銷漏斗，是我將傳統的品牌行銷漏斗（Marketing Funnel）和個人品牌事業所需的幾個面向綜合考量後，重新整合出來的一個模型。

旨在幫助每一位個人品牌經營者，能在每一個層級去設計適合該環節所需的工具，並透過漏斗層層相扣的進行效益轉換，從一層導引到另外一層，讓我們所輔導的個人品牌經營者能順利往我們所規劃的商業路徑邁進，得到我們所期待的商業結果。

所以，當我們看一個個人品牌經營者忙來忙去，似乎在產出個人品牌的自媒體內容

Light 30 事業品牌行銷漏斗

時，有些人確實只停留在內容創作的level，有的人卻是在給自己做投資，了解什麼樣的內容可以為自己的個人品牌帶來更高的人氣力、互動力或是擴散力；而有些人則是專注在做交易，把這個內容當作事業品牌漏斗的一環，使商業路徑產生。這些完全都是心智模式不同所造成的差異。

第一層：知名度 Awareness

在這個階段，要做到的就是盡其可能的擴大知名度。舉例來說，就像我們有一天走在街道上，經過一家窗明几淨的麵包店，店門口飄散著陣陣麵包剛出爐的香味，接著聽到悅耳的女聲說著「歡迎光臨」，一抬頭我們便看到一個可愛甜美的女服務生，會不會讓人想進去麵包店逛逛呢？會的。而且如果進店後的體驗感受很好，就有可能產生購買行為。個人品牌在自媒體社群上的各種設定，包括一張清楚好看、具備專業形象的大頭貼、明確的帳號名稱，甚至設計出一句定位適當的slogan（口號）與能完整呈現你個人品牌風格的封面照片，就是在這一步。

我常常在臉書上遇到陌生人送出邀請，想加我為臉書好友，但是大頭貼顯示了一個不明所以的生物或是圖片，邀請人也沒有事先打招呼自我介紹，遇到這種狀況我通常我會先擱置、甚至刪除邀請，再過幾秒鐘這件事情可能就會從腦海的記憶體中消失。如果你想把自媒體當作行銷工具，請把它當作自己的名片，請務必好好設計打理，呈現出你最美好且專業的一面，表現出符合個人品牌定位的風格形象。

除了透過讓人覺得有用有感的內容經營，能夠提高擴散力，讓粉絲願意幫你分享，提升知名度；當然也能夠透過投放廣告，或是與和跟自己受眾相似的個人品牌合作換粉，這都是提升個人品牌知名度很好的方法。

若是缺乏一定的知名度，當然後續的幾個層級篩選下來的人也會更少一點，因為透過漏斗篩選就是會造成一定比例的流失，因為資源是一層層篩選轉換下來的。所以在經營個人品牌初期，如何擴大漏斗的上緣、提升知名度，是非常重要的。

但是不是有必要無止盡的提升知名度，則端看經營個人品牌的目標設定來決定。以我自己為例，我經營個人品牌的目標並不是為了成為一位知名人士，而是為了能讓品牌顧問的事業得以變現，因此知名度只需擴大到一定程度；後續的行銷轉換，不論是考慮、偏好到目標對象實質消費購買，對我來說是更重要的。我要的不是很多人認識我，而是要有足夠的精準受眾認得我就好。

第二層：考慮 Consideration

讓受眾認識我們的存在後，在考慮的階段，則是要透過「免費體驗」的手段來進行體驗行銷，讓受眾因為體驗的過程產生美好的感受和評價，進而願意考慮我們。

接續上述麵包店的例子，當我們受到吸引走進了麵包店，開始逛起了麵包店，在逛店面的同時，一時之間還不確定自己想吃哪一款麵包，因為每一款看起來都挺好吃，聞起來也都挺香的，但若要直接付費購買似乎有點風險，更不用提有些麵包和糕點價錢並不便宜。

這時候，如果每一款麵包前有一個小盒子，放著切好的麵包塊提供試吃，那麼我們在實際試吃後發現麵包不僅皮脆內鬆軟、咬下去還有陣陣麥香，就很有可能提升我們考慮購入的機會。這就是「免費體驗」的用意，讓受眾用戶透過試用吸引顧客考慮，也就能提升受眾用戶的購買意願。

套回到個人品牌，當你具備有用的知識乾貨、又能提供讓受眾有感的內容經營，讓受眾得以在你的自媒體社群平台或個人品牌網站上免費閱讀、獲取知識，就是一種提供免費體驗的試用方法。

前述我曾提到的個人品牌輔導客戶，透過了解他過去的專長經歷和服務過程等，我重新為他的個人品牌定位如下：「市井律師BOB－嚴柏顯」，他是從小並不特別出色，憑著堅持認真向上的「市井律師BOB」，本名嚴柏顯。因為成長過程貼近民眾，更能體會每一個客戶的需求，挺身而出。認真研究案件，誠懇服務市井小民，同理訴訟過程中當事人的心理煎熬，讓每一場仗都是應許之戰，做你的堅強後盾。用一句話定位行銷溝通的slogan口號則是：「用法律保護市井，做你的堅強後盾。」

嚴律師定期會在YT頻道拍攝受眾有興趣的「法律知識」影片，作為品牌行銷漏斗的免費體驗服務，因為當普羅大眾平日一旦進到律師諮詢的環節時，是需要跟律師約時間按小時支付諮詢費的。

可是市面上的律師那麼多，大家為什麼要選擇嚴律師呢？所以嚴律師選擇透過自己的YT頻道，讓大家認識自己是一個誠懇認真的律師，有心以個人專業成為客戶法律上堅強的後盾，因為他都願意無私地提供免費的法律知識影片讓大家少走冤枉路了，足見他熱心助人的強烈意願。

透過觀看影片體驗了解嚴律師的法律專業與服務熱忱，同時也認識到嚴律師的誠懇實在，當我們真有進一步諮詢法律問題的需求時，就很可能因此考慮找嚴律師服務，進到了「偏愛」這一層級的「超值體驗」。

★第三層：偏愛 Preference

到了「偏愛」這個環節，可就不能再給客戶提供免費體驗囉！這時我們可以訂定平實的價格服務，但同時也要為受眾設定一點點門檻，例如要求客戶選擇固定的時間和地點進行諮商，讓目標受眾必須支付合理的成本與體力時間。

舉例來說，我的「不只是媽媽」讀書會就具備這樣的功能。讀書會有固定的時間和地點，一次參加的費用約莫是三百五十～五百元新台幣，雖然並不昂貴，但這時已不是試用性質的免費體驗，而是帶有一點難度，用以測試看受眾願意不願意為我們的個人品牌買單、是不是我們真正的客戶。

如果在這個階段考慮的人多，但都未能對你的個人品牌有所偏愛，代表我們得回過頭去重新檢視，是否我們所給出的免費體驗給得太多？我們的內容是不是足以讓受眾覺得有用也夠有感？我們在每一個環節，到底有沒有設計埋好引導受眾到下一層的鉤子？

讀書會是一種我很推薦的商業模式，尤其是對知識型個人品牌而言，更是合適。我們甚至可以跟受眾與自己相似、品牌調性和自己相符的個人品牌聯合舉辦讀書會，除了提供超值體驗去測試目標客群對自己個人品牌的偏愛程度，也能做到與合作對象彼此換粉，強強聯手，效益倍增。

★第四層：購買 Purchase

對想走上商業變現之路的個人品牌來說，最重要的環節就是「購買」這個層級，這時，我們就該推出「核心商品」了。當然，如果到了這個階段，卻沒有用戶願意付費購買我們所提供的產品服務，我們就得回過頭一一檢視前面的所有步驟和品牌漏斗的上端，看看在整個行銷的路徑上出了什麼問題。

我就曾經遇過一個輔導案例，這位專業人士在其擅長領域的專業度充足，也有自己一套知識方法論，同時還設計了很完整的產品服務方案，甚至還常常推陳出新。

但是，在「偏愛」的環節階段開設票價三百～五百元的線上講座，卻很少有超過十五位學員報名，很多次甚至報名人數是個位數；進到了產品「購買」階段更不用說，其核心商品服務幾乎沒有人購買過，甚至到後來他還開放了核心商品的免費體驗，期待可以藉此產生成功的銷售案例，但是仍然因為沒有成功見證，也沒有帶來任何後續的購買行為。從這個案例裡面有幾個誤區值得提出來討論：

一、核心商品不能輕易變「免費體驗」：

因為這會使受眾「誤解」核心商品的價值，後續要再將價格拉回就更不容易。

二、品牌漏斗設計是否明確：

後來我發現這位個人品牌工作者所設計的超值體驗與他的核心商品關聯性不大，再往上追溯到其自媒體發布的個人品牌內容也定位不明，很少有人明確知道他到底在做什麼？雖然他好像什麼都有做，但受眾不確定在什麼情況下可以尋求他的專業服務。

這位專業人士絕對有足夠的專業，但他的事業品牌行銷漏斗沒有規劃好，甚至連最初始的個人品牌定位和目標受眾設定，都需要再好好的重新釐清確認。

願意購買我們產品服務的才是真客戶，那些圍繞在我們身邊，說要支持或是讚揚我們的專業的人，只要沒能付費購買我們的核心服務或為我們帶來實際的客戶數，充其量都只能算是啦啦隊。

這個時候，我們需要放下身段並仔細抽絲剝繭的探討，認清我們的個人品牌事業模式一定在某個環節出了問題。具體而言到底哪裡出了問題，可以回過頭來聘請一個信得過的專業顧問進行諮詢輔導。

而一個值得信賴的顧問所需的唯二條件，先決條件是必須具備相關經驗或有足夠的商業敏感度，同時檢視這個顧問本人的個人品牌首先也得經營得有模有樣才行。如果連擔任個人品牌顧問的人選自己所打造的個人品牌招牌都尚未完善，那更需要謹慎三思。

第五層：忠誠度 Loyalty

這是經營個人品牌的所有人都想要達成的階段：擁有一群具備忠誠度的鐵粉，也就是「一千鐵粉」理論的開始。我們只需要擁有一千位願意一年給我們一千元，也就是每個月願意付給我們一百元左右的鐵粉，我們就可以有一百萬元的年營收，這樣的收入甚至比很多上班族都還要高。

如果想要做到擁有一千鐵粉，我們就得在事業品牌行銷漏斗的每一個環節都設計得足夠細緻，在經營個人品牌的過程也必須足夠用心，而且每一個服務流程都要足夠精緻，最後我們的用戶也才會對我們忠心不二。這件事情十分不容易，因為有時候我們不見得知道自己究竟做錯了什麼事，還是會有用戶離我們遠去。就連情侶分手也不見能清楚知道被分手的真正原因，更何況是粉絲。

所以在這個過程，除了持續做好前述的鑽石五力，我們也得持續觀測數據。要很清楚知道每一層事業品牌行銷漏斗的轉換率，最高的在哪一層，最低的在哪一塊，要怎麼滾動式調整。

再者，我們是否提供了足夠的誘因並設計好機制，讓用戶穩穩妥妥忠實地跟著我們？每一個環節都有跡可循，需要我們細心仔細的去洞察，甚至可以透過設計問卷或進行碎石子調查，窺見一些問題端倪，進而想辦法修正改善。

思考動動腦

- 請依照本章節的內容，描繪出自己的事業品牌行銷漏斗。

Light 31 描繪自己的事業品牌行銷漏斗

03 把自己活成一道光

我們用周圍人的表現來定義自己的時候越多，自我迷失的程度就越大。

——數位世代心靈導師《僧人心態》傑・謝帝（Jay Shetty）

當前這個自媒體時代，真的是很容易令人迷失自我的一個時代。除了追求按讚數，或者將個人帳號轉換成商業帳號去觀看觸及人數、互動數和轉分享數，如果一個人操作了數個社群平台，就需要一一觀看不同平台的不同數據……簡直是沒完沒了。我因為工作的關係，有一陣子也一直深埋在這些數字裡面。尤其對我來說，常常必須以身試法的研究每一個工具和社群平台該怎麼操作才玩得好，再歸納整理出應用的邏輯架構，因此我也更容易執著在這些數字當中。

直到有一天，我發現自己因為一次在自媒體發表內容的觸及數沒有那麼漂亮而感到焦慮時，才猛然驚覺自己似乎被這些數字給綁架了。我其實是一個非常喜歡文字創作的人，但這樣的自己卻因為這些後台的相關數字變得好像沒有那麼單純地享受創作和紀錄？這是否違反了我的初衷？那天我迫使自己停下腳步思考——對我來說，在社群平台上創作的意義到底是什麼。

其中之一個原因當然是工作，透過在社群媒體發表內容，讓受眾知道我的專業，以及讓他們知道我持續在專業和商務事業上有所進展。另一個原因當然是藉此傳遞願景與價值觀，我想讓更多人少走些彎路，也讓更多人的個人專業被看見。但除了上述兩個因素，其實還有一個深埋的原因是——我真的很喜歡創作分享，也一直想當一個「作者」。只是剛好透過在社群媒體上創作的內容能夠讓我的專業被看見，也讓我能持續變現，同時還能幫助到一些人，讓我覺得能回饋這個社會真好。

於是，我又回頭檢視了自己的人生歷程，發現自己其實是一個容易被社會觀感和數字綁架的人：從小到大追求第一名，一不小心考了第三名的時候會感到扼腕，因為我想讓爸媽開心，而且想讓大家看得起我們。因為當時我們的家境並不好，而我又剛好蠻喜歡學習看書的。老師覺得我很有潛力，於是幫我報名了資優班、跳級升學考試；當跳級測試通過時，看著老師堆滿了笑跟爸媽眼中的自豪與欣慰我就開心。就這麼一路在十三歲不到的年紀上了高中，然後順理成章地考上了台大，甚至後來不滿二十七歲就拿到了博士學位。

我從來沒有認真想過：我是誰？我要什麼？我為什麼這個時間在這裡做這些事情？

這一路以來我剛好運氣不錯，所以升學的過程十分順利，拿到博士學位後轉往業界發展，雖然剛好適逢金融海嘯，但求職過程也算是順風順水，在尼爾森（Nielsen Corporation）市場分析的工作上也受到客戶賞識，因而被挖角到外商公司，接著有幸受到重用而一路升遷。但是，這一切的經歷對我來說就只是「好玩」、「想證明自己」、「因為名片上的頭銜可以讓爸媽開心」。於是乎，儘管是被稱作學霸的時期，我仍常常感到心虛；被說很厲害的時候，我也常常冒牌者症候群發作，常覺得尷尬而不知所措。

後來我慢慢發現，那是因為我從來沒有想過「為什麼我要做這些事情？」，我只是理所當然、順其自然的走到了這一步，為了證明自己，為了被看得起，為了讓爸媽開心。如果不是剛好父親過世、家中遭逢各種劇變，甚至在幾年前因懷孕安胎臥床了半年、在醫院長住了四個月直到女兒平安誕生，如果沒有這些人生的「突發事件」讓我停下腳步思考，我可能真的就此迷失在看起來光鮮亮麗的主流勝利組道路上，從來沒有真正的發現自己。

這幾年透過經營個人品牌的過程，我持續的了解自己並探索自己的內在。現在，我常看著成長中的女兒，而感到滿足。雖然我因為她放下了很多社會主流價值觀欣羡的頭銜，可是因為在每一個自我覺察與心靈對話、每一次探索了解自己的過程中，我清楚知道自己的選擇和想完成的理想畫面，內心非常踏實豐盛；也因為放下很多外在的標籤，我才得以拿起自己真正想要拿起的，全心追求內在成就，做自己真正擅長也喜歡的事，成為想要成為的自己，並成就嚮往的生活畫面，同時讓自己內心能感到富足。

我們用周圍人的表現來定義自己的時候越多，自我迷失的程度就越大。所以放下用周圍人的表現來定義自己，而是自己來定義自我的定位與價值：我是誰？我要什麼？我為什麼這個時間在這裡做這些事情？並且在每一次的探索中，往前邁進、持續實踐。我相信我們都能找到那個最璀璨也最值得被祝福的自己，讓自己活出光彩，成為閃閃發亮的個人品牌！

閱讀贈禮，來自 Cynthia

願這本書幫助打造個人品牌的人閃閃發光

謝謝您看完了這本書。Cynthia 這幾年透過閱讀、進修和自己的實戰經驗，摸索碰撞出了個人品牌的偉大航道地圖，透過個人品牌一日課、共學 LINE 社群和一對一諮詢，陸續輔導了超過 100 位以上的學員客戶逐步前進。

希望能夠帶著所有想要活成一道光、打造自己的個人品牌偉大航道的大家，一起去找到屬於自己的一個大秘寶。

希望這本書，在未來您偉大航道的旅程上，可以扮演航海士和羅盤的角色，給您支持和方向。

同時，因為希望更好的幫助您，未來只要憑本書找 Cynthia 做一對一個人品牌顧問諮詢，**每本書都可以折抵新台幣 500 元乙次**。

因為 Cynthia 相信，願意帶著書來找我諮詢的大家，都有意願有心想要好好打造屬於自己的個人品牌航道地圖，所以 Cynthia 希望能夠讓這本書真正是 Cynthia 送您的一個支持與工具。

願這本書可以幫助更多想要打造個人品牌的人閃閃發光。我還在這條偉大的航道上，但如果你願意，我仍然願意溫柔堅定地與您們一起前進。

這邊可以找到 Cynthia

- **Cynthia FB** www.facebook.com/hsinyi.huang3
- **Cynthia IG** instagram.com/cynthiapuppy_huang
- **不只是媽媽 Cynthia 粉專** www.facebook.com/CynthiaLifeandWorld
- **事業及個人品牌顧問官網** yhtbrand.com nymph.oen.tw

共學 LINE 群

一對一顧問諮詢表單

Podcast 安辛上路

Cynthia 個人品牌一日課

創造個人品牌影響力，打造關鍵事業力

每個人都有機會打造屬於自己的個人品牌，無論藉由自媒體、新聞媒體、私域或各種群體發揮影響力，並為自己創造更多價值、或是產生獲利模式，是現代人不可或缺經營自己的原因。

這不僅可以提升自己的職場價值，更可能建立一套屬於自己的變現模式，如何開始經營個人品牌？如何定位和明確自己的目標客群以及市場？如何發掘、並發揮自己的獨特優勢？又該如何撰寫感動人心的品牌故事，從而打造吸引人的個人品牌？

課程大綱｜關鍵步驟，成功打造個人品牌

個人品牌的關鍵五大步驟

1 何謂個人品牌

- 定義個人品牌
- 經營個人品牌的迷思與痛點

2 設定自己的 4D 全方位定位

- 認識自己：人生時間軸 × 核心價值觀
- 設立專業職涯的 SMS 好目標
- 訂定個人品牌 4D 全方位定位

3 目標受眾與經營平台選擇

- 定義黃金目標受眾 5W1H1B
- 創建有吸引力的內容 4 原則
- 好球帶渠道：找到並擴展適合的品牌推廣渠道

4 規劃個人品牌漏斗集客

- 競爭對手也能是好隊友
- 規劃個人品牌漏斗
- 個人品牌事業的下一步

5 打造個人品牌的偉大航道

- 個人品牌策略地圖綜觀
- 關於個人品牌的建議提點

課程特點

☑ 運用薩提爾模式更認識自己
用「薩提爾自我覺察」幫助大家更好了解自己、掌握自己的價值觀理念與目標，進而設計自己的人生路徑。

☑ 商業品牌邏輯規劃策略
用外商看品牌的方式帶著大家細緻打造自己的個人品牌。課程不僅強調品牌定位與受眾分析，還具體指導學員設計適合自身的品牌漏斗，實現品牌的變現與商業成功，從策略到實作全方位覆蓋。

☑ 多元教學手法與互動練習
課程包含小組討論、案例分析、實際操作與反思練習，強調學員的參與與實踐，讓每位學員在課堂中即時應用學習內容，快速掌握品牌打造的關鍵技術。

適合參與者

☑ 有志於經營自媒體和個人品牌者。

☑ 希望推廣自己事業或專業，打造知識型個人品牌者。

☑ 創業者或一人公司 / 自由工作者。

☑ 行銷業務工作者，欲運用個人品牌提升影響力，促進事業發展者。

⚠ 僅想成為網紅並進行流量變現，但不打算經營個人品牌者，請三思。

【渠成文化】Pretty Life 020

活成一道光

打造個人品牌的偉大航道

作　　者　黃馨儀（Cynthia）
圖書策劃　匠心文創
發 行 人　陳錦德
出版總監　柯延婷
執行編輯　蔡青容
作家經紀　秝芙策略有限公司
封面協力　L.MIU Design
版型設計　賴賴、邱惠儀
內頁編排　賴賴、邱惠儀
E-mail　cxwc0801@gmail.com
網　　址　https://www.facebook.com/CXWC0801
總 代 理　旭昇圖書有限公司
地　　址　新北市中和區中山路二段 352 號 2 樓
電　　話　02-2245-1480（代表號）
印　　製　上鎰數位科技印刷
定　　價　新台幣 380 元
初版一刷　2025 年 06 月

ISBN 978-626-98393-9-1

國家圖書館出版品預行編目（CIP）資料

活成一道光：打造個人品牌的偉大航道 / 黃馨儀（Cynthia）作. -- 初版. -- 臺北市：匠心文化創意行銷有限公司, 2025.06
面；　公分.
ISBN 978-626-98393-9-1（平裝）

1. CST：品牌　2. CST：行銷策略
3. CST：企業經營

496.14　　113014378